鼎畅·个人成长系列

拥抱拒绝

成功是终点，失败是到达终点的途径

GO FOR NO!

〔美〕理查德·范顿　安德儿·华兹◎著
郭舫　赖伟雄◎译

九州出版社
JIUZHOUPRESS

“不要因为过于胆怯、过于挑剔而不采取行动。人生只是一场实验！”

——拉尔夫·瓦尔多·爱默生（Ralph Waldo Emerson，美国著名作家、思想家）

献给

历史上最伟大的推销员　唐·范顿（Don Fenton Sr.）

目录

GO FOR NO

序言

《拥抱拒绝》是一个虚构性的故事，讲述了在埃里克·布莱顿（Eric Bratton）一生难忘的4天里所发生的事情。他是一位非常好的丈夫、极棒的弟弟、业绩平平的复印机销售员。

本书的写作，在很大程度上是受到了理查德的人生经历的激励。正如理查德所言：小时候，我拥有许多梦想；幼年时，我成天梦想着成为一名职业棒球运动员、作家、赛车手等等，不一而足。噢，对了，和大多数小男孩一样，我也喜欢恐龙，经常花上数个小时在后院里挖掘恐龙化石。

我8岁那年，有一天，我拿出我收藏的所有塑料恐龙，把它们放在地下室的一张桌子上，摆整齐以后，邀请所有邻居过来听我讲解恐龙。我还记得，当时我向每人收取了5

美分的入场费。

邻居们离开的时候，有一个大人走到我身旁，对我说：“你真是一个专业演讲人!”我当时根本不知道什么是专业演讲人，不过我当然喜欢他这么说!

8岁这一年，我发现了自己的梦想。

但是，在随后的30年里，这个梦想仍然只是……一个梦想。我压制了这个梦想，推开了这个梦想。我时不时想象自己成为一名专业演讲人的情景，沉醉其中、尽情玩味……做了所有事情，就是没有真正行动去做这件事情。

是因为缺乏天赋吗？不是，我能够抓住听众的注意力。是因为缺乏激情吗？不是，没有比演讲让我更想做的了。是因为某些外部力量阻碍了我吗？我倒是希望能怪罪某件事或某个人，但是也没有。

我的问题在哪里呢？我的问题非常简单，又太平常不过了……我害怕失败、害怕被拒绝。

但是，1997年12月初的时候，这一切都改变了。

我当时刚刚40岁出头，正当我对过去人生的境遇（准确来说，是我允许它们发生的人生境遇）进行相当严肃的自我反思的时候，我突然想起10多年前和一个导师进行的一次谈话。在那一瞬间，仿佛电源开关被打开了，我的世界顿时充满了亮光，一切都变得水晶般明亮。

几天以后，我开始了专业演讲人的生涯。在一年里，我就写了两本书，录制了五盘录像带，在美国一些大公司举行的会议上发表演讲，而我所做的一切，都只是遵循那位导师多年前给予我的教导。

我开始思索。如果同样的那个我，早10年开始重视导师的教导；如果现在这个更年长的、大脑开窍的我，和10年以前的那个思维封闭、无视教导的老旧的我进行一场对话，那岂不是一件很有意义的事情？就是这个时候，我萌发了写作本书的念头。

所以，如果你能够进入未来，同你自己……一个更聪明、更勇敢、更不胆怯的你……进行谈话，那会发生什么事情呢？埃里克·布莱顿就得到了这样的机会。它改变了他的人生。如果你也这样做，你的人生也会改变。

理查德·范顿　安德儿·华兹

GO FOR NO

第一章

开门红：三个电话、三个成交

这是 1990 年 3 月的第 3 个星期。

我转动着我那辆老爷车的方向盘，把它停靠在一间电话亭附近的停车位上。这辆车根本不是我最喜欢的汽车型号，但是我所在公司为所有销售员只配备这种车，谁也不例外。

这是我为“西部设备租赁公司”工作的第 3 个年头，我干得相当不错。我 28 岁，已婚，赚的钱也不少。请注意，我并不是令整个世界激情燃烧的成功销售员。从业绩上看，我在整个销售团队中只能算中游水平，但是同我大多数朋友比起来，我拥有的是一个梦想般的工作。作为复印机部门的租赁代表，我可以自己决定上班时间，而收入是上不封顶的。今天就是一个很好的例子：一旦我决心去做，就没有什么是不可能的。

我往电话投币孔投进了1枚硬币，拨动了号码。对方说话了："下午好，这是'第四街'画廊，我是伊莲·布莱顿。"

"你猜猜，你丈夫今天都做了什么！"我咧嘴笑着说道。

"亲爱的，你真会挑选时间。我现在真的很忙，还有一个电话在等着我接呢。"

"那就快点儿猜吧。"

"好吧。你今天抢劫银行了？"

"差不多吧。我打了3个电话给客户，全部成交了。3个电话、3个成交，这还只是星期一！你觉得怎么样？"我问道。

"太棒了！"她回答道，又补充说："也许我们的夏威夷基金又可以增加一笔钱了。"

"小鸡没有孵出来，还是不要先计算会有多少只小鸡为好。"我谨慎地回答道。"我还需要一个成交，才能完成这个星期的销售任务。我先把这个搞定，然后再看吧。"

"当然。我真的很忙。晚餐是你买回来，还是我们自己做？"

"我很想吃中国菜。就交给我吧。"

"我爱你。再见。"

"我也爱你。"我挂上电话，看了看我的手表。时间是下午3：30，如果我没有记错的话，湖人队今晚将在麦迪逊广场花园同尼克斯队进行比赛。我算计着：还有3个小时的时间，我买一些宫保虾仁，还能赶在比赛开球之前就回到家里。

第一章 开门红：三个电话、三个成交

GO *FOR* NO

第二章

一堆零星琐事

星期二早上，我迂回地绕过一个个办公桌，走到我的办公隔间的时候，前台接待小姐大声地对我喊道：“埃里克，你在那儿干什么啊？”

“你认为呢？”我手里小心地捧着一大堆文件，对她喊道。“我跟平常一样，在处理零星琐事。卡伦，你是知道的，销售这个工作，寻找目标客户只是十分之一，而另外十分之九是处理文件。我销售越多，就越感到后悔！”

“你这话可千万不要让弗兰克听见。”她微笑着说道，用手指了指角落里的那间大办公室。

弗兰克·怀特是西部设备租赁公司主管销售的副总裁，他这个人可不容易对付。他是那种精力充沛、作风硬朗的人，他只要眼睛一扫，就会让几乎所有人都感到胆战心惊。他把自己最喜欢的一句话刻在一个牌匾上，放在他的办公桌上面，让所有销售人员都能看到。上面的文字是：**要么完成任务，要么就走人**！（Hit your quota or hit the bricks）这纯粹就是恐吓嘛，但大多数情况下还是很有效果的。在我的记忆中，我从来没有哪次是没有完成销售任务的。公司里也有一些管理人员使用正面激励方式来鼓励下属，但弗兰克可不是这样。弗兰克只使用大棒。

时间在慢慢消逝，我桌上那堆大山般的文件终于慢慢减少，现在看起来就像小雪堆那样。大约下午两点钟的时候，我把很多事情都处理完了，觉得也许该吃点东西了，下午应该还有时间拨打一通销售电话，然后再下班。我抓起外套，朝楼下的餐厅走去。

我往盘子里装满了碎肉、土豆泥、色拉、一杯健怡可乐，然后走到一张空桌子旁。我还没来得及朝嘴巴里塞入第一口东西，营销部的一个家伙就在我旁边坐了下来。

“埃里克，我的朋友，你最近怎么样？”

我看着他，满腹狐疑。从事销售工作的人，谁也不会被人称作“朋友”，除非对方别有用心。“很好啊，”我小心翼翼地回答道。“你是蒂姆·麦克唐纳，对吧？”

“是的，我是蒂姆·麦克唐纳。天哪，你们这些销售人员记忆力真是太好了！埃里克，我在想，你能否帮我一个忙？我肯定会记你情的。”

“蒂姆，你到底需要我帮你做什么呢？”

“我们要举行一次小组讨论会，就是那种有不同类别的客户和营销部人员共同参加的讨论会，我们非常需要一位销售代表也参与。你觉得你能抽出大约 1 个小时的时间吗？”

我心里在想着“没门”，但是，我简直不敢相信，“什么时候”这几个字眼从我的嘴巴里蹦了出来。

“明天上午 10 点。我相信不会超过 1 个小时，最多也就是 90 分钟。谢谢。”麦克唐纳站起身来，迈开大步，趁我还没有改变主意，就迅速离开了。我觉得自己实在是心太软了。这肯定会占用我的时间的，不过我宽慰自己说，责任就是责任。

第三章

这就是我做销售的原因

蒂姆举行的这次小组讨论会，他口口声声说从上午 10 点钟开始，最多不会超过 90 分钟，最后却一直开到下午 1：20 才结束。我发誓，再也不去公司餐厅吃饭了。

我随手抓了些快餐，在办公桌旁吃了起来，边吃边看那一摞目标客户的名片，同时决定哪个目标客户最有希望让我完成销售任务，也好让弗兰克和我妻子这“两头饿狼”闭上嘴巴。

电话铃响了。

“你好，我是卡尔！很抱歉，这么久才给你回电。当时我在开车。”我的哥哥说道。

“是公事还是玩乐？”我问道，虽然我已经知道了答案。

“有什么区别吗？”他大声笑着回答道。

“卡尔，这就是你的问题。你不知道如何放松自己。说到玩乐，这就是我给你打电话的原因。我在想，也许我该邀请你一起去香芬俱乐部打高尔夫球，这样你就有机会激活你的会员卡了。”

“没问题，我随时都可以去。”

“太好了！那我们明天下午就溜号，怎么样？”

“明天不行，报税季节期间，我可不敢溜号。5 月份给我打电话吧，我随叫随到。”

“5 月份我不行，卡尔，刚好是复印机销售旺季，你是知道的。”我笑着反驳道。

“要么是 5 月份，要么就算了，老弟。”卡尔断然地说道。

“那好吧，你选一个星期六吧。”

“好，我会告诉你的。”说完他挂上了电话。

我坐在办公桌旁，吃完汉堡包。我在想着要去打一场高尔夫，感觉太棒了。然后我突然想到，为什么不明天自己去打一场呢？虽然不是去香芬俱乐部，但高尔夫还是高尔夫啊！如果我 6 点钟能开始打球，那 10 点钟就能把球打完，回到俱乐部洗澡，11 点钟就可以回到办公室拨打销售电话了。

我拿起话筒，开始拨号码。

“你好，这是草莓溪高尔夫球场。”听筒里的声音说道。

“你好。我想预订一个明天上午早一点儿的开球时间。”我说道。

“10 点半以前的开球时间没有了。”听筒里的声音回答说。

我刚想对着听筒说“谢谢，那就不要了”，突然想到我这个星期只需再完成一个成交就行了。如果我 10 点半开球，那在下午 3 点到 5 点之间仍然来得及拨打几个销售电话。

“那就 10 点半吧。”我回答道。

* * * * *

那天晚上，吃完晚餐后，我去车库把高尔夫球棒放进汽车里，正在这时伊莲走了进来，双手拎着垃圾袋。

“这个周末你要出去玩？”她问道。

“不是周末，是明天上午。”我笑着说道。

“明天？天哪，我还真的想在星期的中间去打高尔夫呢。”她开玩笑说，同时将已经满出来的垃圾桶盖子盖上。

“亲爱的，这就是我做销售员的原因啊。就为这个，我才从事销售工作！”

“好吧，帕尔默先生。我不介意你去打高尔夫，但是你最好……”

“别担心，”我打断她的话，说道：“我还有两天半时间完成销售任务。我从来没有哪次不能完成任务，对吧？”

“是的，你没有哪次不能完成。埃里克，你是一个很棒的销售员，但有着很糟糕的记性。我本来要说，你最好在离开的时候记得把垃圾桶拿到路边去，明天是收集垃圾的日子！”

那个晚上的晚些时候，我躺在床上，对妻子说：“我决定，明天不把垃圾带出去。”

“为什么?”她疑惑地问道。

“因为，”我炫耀地回答说，“星期四才是收集垃圾的日子!”

“亲爱的埃里克，明天就是星期四。”

“不，不可能！明天是星期三!”

“对不起。你丢了一天。”说完她又去继续读她的《读者文摘》。

星期四?明天怎么可能是星期四?但是，她说的是对的。星期一，我拨打了3个销售电话；星期二，我在办公室里处理文件；今天，全部耗在那个愚蠢的小组讨论会上。明天不就是星期四吗！这个星期像水蒸气一样被蒸发掉了。更让我感到惭愧的，我居然还计划明天一早去打高尔夫。不过，没事的，我心想，我只要快点打完就行了，就这么办吧。

想到这里，我闭上了眼睛，慢慢地沉入了宁静的梦乡，小鸟球、老鹰球在我的脑海里飞舞……

GO *FOR* NO

第四章

草莓溪高尔夫球场

……我发现自己站在有 172 码距离的第三洞的 14 号球托前。这个球洞，我已经打了 20 次，但从来没有打出小鸟球，一次也没有，不过今天就不同了。

我把我的高尔夫铁杆摆在地上，决定这次用 3 号木杆。我只需轻轻地、优雅地挥动球杆，就能将球击入“果岭”的正中央。

高尔夫球飞入高空，开始下降，飞向“果岭”。我已经看得出来，这次击打太长了，3 号木杆打得太厚了。就算这个球能够落入果岭里，也会落在果岭的后部边缘上。“停住！停住！”我叫喊起来，想靠我的意志力让这个小圆球一触地就停下来，不过我也想到了其他情况。果岭地面非常硬，早晨的露水早已在几个小时前蒸发了。小球越过斜坡，然后顺着斜坡，一直滚向草莓溪（这个高尔夫球场因其而得名）。转眼间，我的2小鸟球（比标准杆少2杆）眼看就要变成4柏忌（比标准杆多4杆）了，这还得看球会不会掉进溪水里。

我站在溪边杂乱的石头上，向缝隙里面瞧去。还好，那只高尔夫球还在。我转身去球包里取球勺时，心想：这个洞没救了。突然，我感觉我球鞋的鞋钉在长满青苔的石头上一滑，一下子就失去了身体平衡，双脚同时飞了出去。

我还记得，当我滑到那冰冷溪水里的时候，我是多么希望没人看见我这笨拙的表演。后来，我感到我的头碰到了溪流底下的一块大石头，眼前一黑，此时，我又是多么希望有人看到我啊。

GO *FOR* NO

第五章

到底发生了什么

我慢慢恢复了意识，此时我还无法分清身体哪个地方更痛：是跌到硬木地板上受到撞击的屁股，还是磕到了床头柜柜角的后脑勺。

“哎哟！我跌得可真不轻啊，”我捂着阵阵疼痛的后脑勺，对伊莲说道：“我想，上小学后我就再也没有从床上摔下来过了！”

我慢慢地、轻轻地走向卧室门，夸张地表现出屁股疼痛的样子，想博取伊莲的同情，但她还是没有说话。

“我得去拿冰块。”我说得更大声了，但还是没有任何回应。透过门缝，我朝黑黑的卧室里望去，看到的情景让我大吃一惊……伊莲没在床上。我迅速打开墙上的开关，一阵恐惧的冷战传遍全身。不但床上没有人，那床也不是我的床。

这根本不是我们的房间!

我支撑着走出卧室，来到走廊里，每走一步，就越发感到迷惑、恐惧。走廊两旁的墙壁上挂满了充满异域风情的画作，脚下的地毯踩上去也感觉出奇的厚软。在走廊尽头，我发现了两扇很大的玻璃推拉门。我拧开插销，走了出去，来到一个很大的露台，向下望去，是一个漂亮的高尔夫球场。

我感到有些眩晕，于是走到一对软垫躺椅旁，在其中一张椅子上躺下来。我发生了什么事?我非常迷惑。这里到底发生了什么?后来，我觉得非常疲惫，于是合上双眼，慢慢地进入梦乡。太阳悄无声息地升了起来，照耀着楼下修剪整齐的草坪。

GO FOR NO

第六章

你的气色不太好啊

上午 10 点钟左右的时候，我醒了，明亮的阳光照在我脸上，我的肚子饿得咕咕直叫。

我拉开玻璃门，听见楼下有人在唱歌。“伊莲，是你吗？”我叫了起来，但是无人回应。

循着歌声，我走下一个很大的旋转楼梯，穿过一个铺有大理石的门厅，走进了一间宽敞的厨房，却发现唱歌的女人显然不是我的妻子。这个女人年纪更大，差不多有 50 多岁，身材健壮，还穿着白色的佣人服装。

“对不起，”我说道，我的话让她吓了一大跳。她飞快地转过身来，她正在擦干的大瓷盘从她的手里滑落下来，掉在地上，摔了个粉碎。

“布莱顿先生！你吓了我一大跳。我没有想到今天上午这么晚了你还待在家里。”她说。

“对不起，”我抱歉地说道，“我还以为你是我太太呢。”

“布莱顿太太在欧洲。”她说着开始收拾地上的彩色碎瓷片。

“欧洲？”我问道，同时弯下腰去帮她捡拾盘子的碎片。“伊莲在欧洲做什么？”

“我想她在购买艺术品吧，”佣人回答道，“至少我是这样被告知的。”

“谁？谁对你这样讲的？”我问道。

“嗯，是你对我讲的啊！布莱顿先生，你没事儿吧？”

“我很好。怎么啦？”

“你的气色不太好。”

“我的头撞在床头柜上了。没什么大碍的。”

“我认为你应该去看一看。需要我打电话给医生吗？”

“不用。我没事的。”说着我挥手示意她继续做事情。“我休息一下就好了。”

我走进盥洗室洗脸。抬头一看，我看见了镜子里的自己。“噢，天哪！”我倒抽了一口冷气。佣人说得没错，我看上去脸色确实不太好。镜子里的那个人是我，但又不是我。是上了年纪的我的翻版。我的头发里有了丝丝白发，脸上也有了明显的皱纹，在此之前可是一点儿皱纹也没有。

我回到我醒来时候的那间卧室，站在试衣镜前。我看得出来，我那一米七八的身材上至少增加了20斤的体重，我曾经拥有的肌肉线条也完全消失了。

我怀着惊恐的心情跑回楼下，发现佣人正忙着用吸尘器给客厅地毯除尘。

“对不起!”我大声叫道。

“什么事儿，先生?”她关掉了吸尘器的开关，问道。

“你叫什么名字?”

她非常疑惑地看了看我，然后回答说：“怎么啦，先生。我是蕾妮呀。你真的没事儿吧?”

“感觉不好，蕾妮。我感觉确实非常糟糕！听着，我要问你几个问题，这些问题可能听上去很奇怪、很可笑，但我还是要你回答这些问题，好吗?”

“好的。”她迟疑地回答道。

“很好。我的名字是埃里克·布莱顿，对吧?”

“是的，先生。”

“这是我的房子？你是为我工作的?”

“是的，先生。”她回答说，眼里开始流露出半担心、半恐惧的神情。

“那我是做什么工作的?”

“嗯，照我的理解，你是一个生意人。”接着她又补充说道，“哦，对了，你还写书。”

“你刚才说什么?”

“你还写书。”

“这不可能!”我冲口而出地说道。我连读书的时间都没有，更不用说写书了。“我没有写书。我是靠销售复印机谋生的!”

“布莱顿先生，请恕我冒昧。我每个星期有 3 天时间在打扫这个屋子，包括书房，我看过你写的那些书。”

我跑上旋转楼梯，来到二楼，打开了好几个房间，才找到书房。我走到书柜旁，开始寻找，找到了 3 本排列整齐的精装书：《从失败走向成功》、《抓住现在》、《如何获得高效的一年》。而且，书脊上还印着我的名字……埃里克·詹姆斯·布莱顿（我的全名）。

我的思绪飞速地旋转。世界上肯定不止一个人叫埃里克·布莱顿，但是会有多少人叫埃里克·詹姆斯·布莱顿呢？

我踮起脚，从书架上取下其中一本书，迅速地一页页地翻看，没有发现其中有任何一句话是我写的。然后，我合上了书，突然，我怔住了。封底上有一张作者照片。

那是我的照片！

GO FOR NO

第七章

另一个我

我双膝发软，在一张皮椅上坐了下来，翻到作者介绍那一页，开始仔细读着上面的文字：

埃里克·詹姆斯·布莱顿，曾经做过服装销售员，迅速地升至公司高层管理人员，实现了“美国之梦”！作为“西部设备租赁公司”的销售代表，埃里克·布莱顿将任何可以想到的销售记录一一击破。他写作的第一本书《从失败走向成功》（1989年由西蒙·舒斯特公司出版）使他一夜成名，很快被各地销售人员奉为“销售圣经”。1994年，他接受了复印机大鳄“复快特”公司（CopyQuest）的邀请，成为公司第三号人物，也是该公司30年历史中最年轻的副总裁。他还是一位充满激情的高尔夫球手、马拉松运动员。现在，他和妻子（德高望重的西海岸艺术品经营商）伊莲居住在加州的拉卡斯塔。本书是他的第三部作品。

他的第一本书在1989年就出版了！这怎么可能？我走到书桌旁边，翻看日历：2000年3月23日。我摸了摸我的脸，意识到这竟然是10年之后的事情，我年长了10岁。难怪我看上去那样差劲儿！

后来，我在这一页的底端发现了下面这些文字：

要想获得更多有关作者的信息，请拨打800－290－5028。

我毫不迟疑地走到书桌旁，拿起电话，拨起了号码。电话铃声只响了一次，就有人接起来。"下午好。这里是复快特公司！"

"你好。我能和埃里克·布莱顿通话吗？"

"当然可以。请问您是……"

"噢，请告诉他，我是他的……一位好朋友。非常亲密的好朋友。"

"请稍等。"

我听到了转接的音乐声，几秒钟后她的声音又响起来了。

"布莱顿先生正在通一个电话，很快就结束，然后我就给你转接过去。"

"谢谢！"我说道，我的心怦怦跳着。我该怎么讲呢？

我思忖着。他也许会立即挂断电话。如果是我的话，我就会这样做。

我正准备挂断电话的时候，他的声音就在听筒里响了起来，自信而动听。

“下午好。我是埃里克·布莱顿。”

“你好，布莱顿先生。我希望你能帮我一点忙。”

“没问题。不过，请问你是哪位？”

“我可以告诉你，不过你得先保证不会挂断电话，至少你得先听我把话讲完。”

“你的声音听上去很耳熟，但我想不起来是谁了。”

“当然耳熟。我名叫埃里克·詹姆斯·布莱顿，1962 年 12 月 2 日出生于阿拉斯加州安克雷奇市。”

“我不知道你玩的是什么把戏，不过我不想玩。请不要再给我打电话啦。”他缓慢地说道。

“等一等。”我对着话筒大声叫道。“我和你一样，也不明白到底是怎么回事。昨天晚上，我睡在我自己的公寓里，今天早上醒来，却在你的屋子里。”

“这不可能。”

“不可能？你的书房里有电话专线吧？”

“这不关你的事。”他厉声说道。

“我就把它看成是有喽。我希望你现在就把电话打过来。”

“我为什么要打电话过来？”

“因为我就坐在你的书桌旁。打电话过来，是最好的证明方式。”说完我挂上了电话。

10秒钟过去了。我正想着他会不会打来电话，就在这时电话铃声响了。我抓起话筒。

“我知道，你可能想打电话报警。”我开始讲了起来。“不过，我想告诉你一些只有你才知道的事情。七年级的时候，你向你的好朋友史蒂夫借了一张唱片，但他不肯借，然后你把它偷偷拿走了。第二天，他问你是否拿走了这张唱片，但是你撒了谎。为了不被他发现，你还把唱片砸成碎片，埋在你家后院的地里。但是，次日早上，你感到非常内疚，你买了一张同样的唱片，把它放在他家的门廊上。这件事，你从未告诉过任何人。”

“我倒想知道，唱片乐队是谁?”他轻轻地问道。

“汤米·詹姆斯与香戴尔（Tommy James and the Shondells）。”

“我15分钟后就赶到你那里。”

第七章　另一个我

GO FOR NO

第八章

与镜像的对话

他跨进书房的那一刻，简直就像是在照镜子。要不是因为他穿戴极为整洁、皮肤黝黑、体重轻20斤，那我和他简直就是一对同卵双胞胎。

他仔细端详了我几秒钟，然后把他的公文包放在书桌上，松了松领带。

“你不是在开玩笑吧？”他终于开口说话了。

“我倒希望这是一个玩笑。”我严肃地回答道。

“我下午一般是不喝酒的，但今天我想破个例。你想来一杯吗？”他一边问道，一边向书房另一端的小吧台走去。

“当然。”

“你为什么不从头开始，把所有的事情都给我讲一讲？”他说着将一杯加冰苏格兰酒递给我，然后在我对面的皮椅子上坐下来。

“从什么地方开始讲起？”我问道。“是从童年讲起，还是从今天早上讲起？哦，对了，对于我来说，这应该是10年前发生的事情了！”

“你想从哪儿讲起，都可以。”

* * * * * *

我花了整整一个小时，才把事情讲完。我讲的时候，他没有说一句话——他只是时不时点头，好让我知道他在听我说。

“好了，你是怎么想的？”我问道。

“我觉得这简直不可思议！你不这样认为吗？”

“没错，我也是这样的。如果事情恰恰相反，如果你醒来躺在我的卧室地板上，那我也许会感到更有趣一点。”

“行了，埃里克。我相信，任何事情的发生都不是偶然的。我不知道这一切发生的原因，但我肯定是有原因的。迟早我们会找到这个原因的！”他带着确信的口吻说道。

虽然我不太确信自己是否相信他，但是我的确喜欢他话语中透出的自信，听他这么说，我更安心了。

他看了看手表。“下午4点半我有一个重要会议。”他说道，“6点钟以前应该可以结束。我会回到这里接你，然后一起吃晚饭，把这件事情弄清楚。你最好不要到处走动，放松心情，把这里当成你自己的家！”

一想到要把这个属于另一个真实的我的房子当成我自

己的家，我就忍不住大声笑了起来。我感觉压力轻了许多。

“需要什么衣服，你尽管穿。”他主动提出。

“裤子可能有点儿紧，”我双手叉在腰间说道，“不过我想我会找到适合我穿的。”

“好吧。6点半见。留着你的胃口。我们晚上会去一个好餐馆的，也许会去城里。”

“别担心，我会等着的。”

我开始喜欢这另一个我了。

GO *FOR* NO

第九章

哇，是伊莲！

另一个埃里克·布莱顿还没有将他那辆锃亮的黑色捷豹车开出车库，电话铃声就响了起来。我的第一反应是伸手去接听电话，毕竟我也是埃里克·布莱顿！但是，我忍住了。铃声响过三声后，电话答录机“咔嗒”一声打开了。

是一个女人的声音，是一个我非常熟悉并感到亲切的声音。那个女人是我妻子。

“嘿，是我！我把电话打到这里，是因为办公室里的人说你有事回家了。”她开始说道：“但愿一切都好。听我说，我只有1分钟时间（有些东西是不会改变的，我心想），我想告诉你，情况真是太棒了。我在佛罗伦萨买下了30件艺术品，真是不可思议，明天我要离开这里去马德里。晚上把电话打到我的宾馆吧，多晚都行。我爱你。再见。”

“咔嗒”一声，答录机关上了。我把自己的全部心思都用于应对这个进退两难的困境上，竟然把伊莲忘了个精光。我是说，我的那个伊莲。很显然，他的那个伊莲活得很不错，实现了她周游世界、购买艺术品的梦想。但是，我的那个伊莲在做些什么呢？我想。她在担心我吗？她还存在吗？只有时间能够告诉我答案。

这个下午的其余时间里，我都在看我写的一本书，想弄清到底是怎么回事。真是不可思议。

GO FOR NO

第十章

在“雨水”餐厅的晚餐

我们驶离高速公路，朝圣迭戈市中心开去的时候，我大发感慨：“真不敢相信，仅仅10年间，城市的地平线就发生了这样大的变化。”

“还有交通！”他插话道。

我们把汽车停在了凯特纳大道的“雨水”餐厅（Rainwater's on Kettner）。这家饭店远近闻名，坐落于“瓦斯灯”区（Gaslamp）附近。我一直想来这里吃饭，但不是没有机会，就是没有钱。我们落座后，埃里克要了一瓶“鹿跃赤霞珠”干红葡萄酒（Stag's Leap Cabernet），我们慢慢地品尝着，等着牛排的到来。

“今天我读了我们写的书。”我笑着说了起来。

“噢，是吗？哪一本？”

“《从失败走向成功》。”我回答说。

“你有什么想法吗？”

“说实话，我喜欢这本书。”

他笑了笑，看得出来他是发自内心地高兴。这个时候，服务员将牛排放到了我们面前。

“你发现了什么线索吗？什么都行，只要能说清楚这一切究竟是怎么发生的。”

“也许吧。在我看来，我们生活中发生的事情几乎都是一模一样的。我们有相同的父母，都出生在同一天，我们都有一个哥哥叫卡尔。我们在同一个街区长大，上同一所小学，有同样的老师。上高中时，我们打同一份散工。大学期间，我们都在杜宾男装公司销售西服。但是，后来发生了一件事儿……”

“发生了什么事？”他问道。

“在服装店工作以前，你在书中写的那些经历同我的经历完全相同。”我回答道：“从那开始，情况发生了变化。”

“发生了什么变化？”

“是这样的。在书中，你提到了你同一个名叫哈罗德的区域经理会面。还记得吗？”

“我怎么可能忘记？正是那一天改变了我的人生！”他感叹道。

“这就是问题所在。那一天从未在我的身上发生过。”

“你是什么意思？没有发生过的一天？怎么会有这种事？”

“那一天当然发生过，只是在你身上发生的事情，和在我身上发生的事情，并不相同。”

“你是说，你记不起那天同哈罗德的谈话了？”他有些疑惑地问道。

“坦率来说，哈罗德那天说的话，我连一句也说不上来。”我回答道。

“噢！那我们就从这个地方开始讲起吧！”

GO FOR NO

第十一章

你怎么知道他买完了呢?

“在我的记忆里，那一天恍如昨日。”另一个埃里克开始讲起来。“我，或者说我们，在杜宾男装公司工作还不到一个月，区域经理哈罗德就计划到我们店里来视察，我非常想给他留下好印象。你可能还记得，当时我们的销售工作做得并不是很好。”他说道，“说老实话，我当时还在担忧：我的个人销售业绩如果没有提升，他们就会让我走人。那个时候，我和伊莲刚刚结婚，我最不想发生的事情就是突然丢掉工作。”

“我记得非常清楚。”我附和道。

“上午九点半，哈罗德出现了。每个人都向他问好，给他递上咖啡、甜点等等之类。十点钟的时候，我们开门营业了。那天早上，我是第一个回到店里的销售员，因此我抢得了先机。听起来还熟悉吧？”

我点了点头。

“接着，一个衣着光鲜的先生走进店里，他说他想购买一衣橱的服装！在半个小时里，我就得到了有史以来最大的一笔销售。我敢肯定，我给哈罗德留下了很好的印象。”

“这件事情我也记得。”我说道。

他又继续说：“那位顾客离开后，哈罗德漫不经心地走到我身边，对我说：‘销售高手啊！’

我骄傲得有些喘不过气来。‘一共是1100美元！’我宣告。

但是，哈罗德只是站在那里，似乎不太以为然。最后他说道：‘我只是有些好奇，那位顾客拒绝了什么？’

‘你是什么意思呢？’我回敬道：‘那个人购买了一件正装西服外套、一套休闲西服、三件衬衣、六条领带、一双鞋子、一双袜子、一条皮带，还有一套内衣！你说他拒绝了什么？这是什么意思？’

哈罗德平静地等着我的抵触情绪减退后，才说道：‘我们已经知道他买下了什么。我现在想知道的是，他拒绝了什么？’

我想了很长时间，脑子里回忆着这次销售，然后才不好意思地回答说：‘没有。那位顾客没有拒绝任何东西啊。’

哈罗德问道：‘如果是这样，那你怎么知道他买完了呢？’

他的问题给了我当头一棒，因为我突然意识到，那个顾客并没有主动提出买完了，是我自己提出的！

为什么？我想到的唯一理由是……那位顾客已经达到了我的花费心理极限。我意识到，我从来没有一次购买过超过1000美元的东西，因此，凡是超过了我的花费心理极限的人，我就认为：好了……该买完了！”

“这件事，我还算记得。”我说道：“但是，它对我并没有那样大的影响。就是这件事改变了你的人生？”

“没错。就是这件事，还有哈罗德接下来说的话。他说：‘销售人员千万不要决定何时结束销售，要让顾客自己决定。’接着，他看着我的眼睛，说道：‘埃里克，你害怕听到别人说‘不行’，害怕被拒绝，这是你与伟大销售员之间的唯一障碍。’

简直不可思议。那天早上我去上班的时候，心里只是希望保住工作；那天晚上下班回家时，我发现，我距离成为伟大销售员，只有几个字之遥。”

距离成为伟大销售员，只是几个字之遥，我听见自己反复地说：

被拒绝。

被拒绝！

GO FOR NO

第十二章

失败和成功的模式

“你瞧，在见到哈罗德之前，”我的另一个自我继续说道：“我一直实施着错误的‘失败和成功’的模式。我原以为……”

说到这里，他打住了，示意服务员端走盘子，并向他借来了笔。

“我原以为，我是在中间这里，成功位于一端，失败位于另一端。”说着他在菜单背面画了这个图：

成功 ←←← 我 →→→ 失败

“我一直以为，我的使命是想尽一切办法让自己迈向成功，并且尽可能避免失败。但是，同哈罗德在一起的简短时间，让我眼界大开。我意识到，正确的模式应该是这样的。”说着他又在菜单上画了起来：

我 →→→ 失败 →→→ 成功

“我意识到，失败是成功之路的中点标志，它不是我们要远离和逃避的一个终点，而是让我们实现人生梦想的一块垫脚石。大多数人一见到‘失败’这个标志，就以为他们走错路了，于是就掉过头去，朝家里赶。他们认为，成功一定是在另一个方向上。但是，成功不在那里！成功就在失败的前方！”

“我在某个地方读到，说伟大领导者从来不用‘失败’这个词。相反，他们使用的是‘错误’、‘差错’、‘挫折’之类的词语。这是愚蠢的，是适得其反的。人们拼命寻找其他好听的词来代替它，并在这些借来的词语下自欺欺人、信以为真。他们会说：‘我们尽力了，但是我们出了一些小差错！’饶了我吧！直接说你们失败不就得了！有什么大不了的！有这么难说出口吗？也难怪地球上的每个人都认为，一定要不惜任何代价来避免失败。我们给它裹上糖衣，在它周围跳舞，不愿意碰它，仿佛它就像死亡一样可怕！要想消除对一个词的敏感，最好的办法是不断使用这个词；要想摆脱对一个行为的害怕，最好的办法就是经常去做这件事情！”

我坐在那里，看着这个男人滔滔不绝地颂扬着“失败”的种种美德，他仿佛是一个参加圣战的狂热信徒。就是这个人，我几分钟前还认为他和我是一模一样的。但是，我们其实大不相同。

“‘不行’这个词也是如此。”他继续说道：“我们小时候听见‘不行’，从来没有放在心上，对吧？在美国各地的百货商店里，每个周末，你都可以看见孩子们从来都不会把‘不行’放在心上。他们总是一次又一次地尝试失败，最后大踏步地迈向成功，得到他们真正想要的东西……

比利：我能吃一块饼干吗？妈妈。

妈妈：不行。

比利：我要吃饼干！

妈妈：不行。

比利：求你了，我要吃饼干。

妈妈：不行。

比利：求你了！

妈妈：我说了不行！

比利：求求你了，要上面有糖的那种。

妈妈：不！不！不！

比利：我为什么不能吃饼干？

妈妈：因为我说了不行。

比利：为什么呢？

妈妈：听我说，小伙子，我最后再说一遍。我的回答是：不行！

10 秒钟后……

比利：妈妈，我要吃饼干！

妈妈：哎呀，我的天啊。只能吃一块儿！”

“你见过这样的场景吗？”他问道。

“随时都可以见到。”我歇斯底里地大声笑着回答道。

“你当然会见到，我们每一个人都会见到！比利不但吃到了饼干，重要的是，他在这个过程中学到了什么呢？”

“他学到的是：只要他长时间地坚持下去，使劲要求，不要放弃，最后就会吃到饼干。”我回答。

“完全正确！我并不是说，为了得到想要的东西，成年人也应该像这个被惯坏了的小毛孩一样做。但是，我们可以从中学到一个重要的教训。我们小时候所拥有的那种不屈不挠的天生意志力，在后来的人生轨迹中，不知道在哪里给弄丢了。比利非常清楚，他不会将妈妈的拒绝放在心上，但是我们这些成年人已经忘记了这一点。而这正是哈罗德让我记住的教训。”

GO *FOR* NO

第十三章

我们的人生开始发生不同

“和哈罗德谈话后，我开始认真思考成功者与普通人之间的不同之处。我发现，‘不怕被拒绝’排在第一位。根据统计数据，只有5%的人在退休后无需他人或政府的照顾，”他说道：“退休的时候，36%的人很快就会去世，6%的人必须继续工作，而惊人的53%的退休者必须靠朋友、亲戚、政府或慈善机构的帮助才能活下去。你认为，哪些人会成为5%的幸运者呢？那些一生中经历过最多失败的人，就是他们这些人！”

“这太讽刺了。”我说道。

“是的。很讽刺，也令人悲哀。埃里克，请跟着我念……我喜欢失败。”

“这是我的问题。我不喜欢失败。”

“那是因为你认为失败会让你成为失败者。失败和失败者，是完全不同的两个概念。成功者热切地让自己失败，而失败者逃避失败。愿意经受更多失败，其实完全是为了走向成功，这样，某天你在回首人生时，就不必对自己说‘我真失败啊。’你明白了吗？”

“明白了。”我回答道。

“很好。那就跟着我念：我喜欢失败。”

“我喜欢失败。”我半信半疑地念道。

“我大大地失败，我经常失败。”

“我大大地失败，我经常失败。”我跟着念道。

“棍棒和石头会砸断我的骨头，但是‘不’绝不会伤害到我！”

我忍不住大笑起来。

“跟着念，否则我就让你买单！”

“好，我念：棍棒和石头会砸断我的骨头，但是‘不’绝不会伤害到我！”

“很好。‘不’这个词并不一定会削弱我们的力量。埃里克，这将是你学到的最重要的一课。哈罗德想把这一课教给你，可是你当时还没有做好准备。现在你准备好了吗？”

我点了点头。

“如果是这样，那么从这一秒钟开始，你今后的人生绝对不会相同。”

我在那里坐了一会儿，心里在琢磨着：我真的相信他的话吗？我真的相信，这样一个细微的心态变化真的能改变我的人生吗？接着，我又想到了一些我非常希望知道的事情，虽然我确信我可以猜到答案。

“你和哈罗德结束谈话后，又发生了什么？”我问道。

“在我的记忆中，事情是这样的。那天晚上，我回到家，告诉伊莲说，我们这辈子再也不用为钱而担心了！”

“不是这个意思。我是说，你的工作后来怎么了？”我有气无力地问道。

“第二天早上，我去上班，感觉自己焕然一新。我像着了火一样！当年年底，我成了店里的销售冠军，第二年，我又成为了整个连锁集团的销售冠军。你不记得了吗？”

“我不记得了，因为那不是接下来发生在我身上的事情。”

“那在你身上发生了什么事情？”他问道。

“我的销售业绩毫无提升。事实上，是每况愈下。两个月后，我被炒了鱿鱼。”

* * * * * *

我们静静坐在那里，俩人都陷入了沉思：这件事的意义真是如此不同，它给一个人的人生带来了如此重大的变化，而对另一个人的人生方向却没有丝毫改变。

最后，服务员拿来了账单，我看着那个因为积极拥抱失败而成为成功者的埃里克·布莱顿，在信用卡收据上签下了名字，然后又把那张美国运通白金卡放回他的钱夹里。我们离开的时候，我注意到那位服务员在盯着那张涂画了的菜单看。我敢说，他一定在心里想：“这到底是什么东西呀？”

我想告诉他：这是巨大成功与平庸表现的差别！我想大声告诉他：这是你的未来，要么就走这条路，要么就无路可走！

就在那一刻，我明白了：对我来说，虽然我有幸蒙受他人给我的这个教训，但我却选择了置之不理。我就是那句老话的明证：有些人被真理绊倒后，爬起来，若无其事地、糊糊涂涂地继续前行。

GO *FOR* NO

第十四章

无法拒绝的邀请

星期四晚上，我睡在埃里克家的客卧里。第二天清晨，我听见了敲门声，埃里克通知我，早餐准备好了。

我们一边吃着新鲜水果和松饼，一边聊着天气和体育。但是，话题很快就自动回到了我们先前谈论过的“这件事情”。

“今天早上我和伊莲通了电话。”他开始说道。

“你和她谈了这件事情了吗?”我问道。

“没有，我没讲。我觉得没有必要让她担心。”

“她肯定会认为你疯了。”

“差不多吧。说到这件事情，我们需要做些安排了。”

“你是在赶我走吗?”

“不，当然不是。至少在伊莲从西班牙返回来以前，我家就是你家。她要下星期二晚上才回来。如果那个时候你还待在这里，那情况可就复杂了。不过现在，我们还是要为接下来几天做些安排。”

“你说怎么办，就怎么办吧。”我说道。

“好吧。今天我的日程排得满满的。我要乘坐 8 点钟的飞机去蒙特雷，明天早上我得在旧金山做一个演讲。你可以待在家里，放松放松，不过你也可以同我一起去。你自己决定吧。”

“如果不会给你带来麻烦，那我还是想同你一起去。一个人待在这个屋子里，我会很难堪的，佣人会在我脚底下用吸尘器吸尘，很好奇我怎么看上去气色还是不好。和你去也让我有机会从你身上学多点东西。”

“就这么定了。”

“刚想起来，我身上没钱。”我打断他的话说道，有些尴尬。“我从来没有想过，为了万一跌下床、来到时空隧道另一端的意外，而把钱夹放在睡衣里。”

“没问题。”他大笑着说。接着他又问道：“顺便问一下，你还打高尔夫吗？”

“当然！”

“很好。明天同我和我的两个顶级销售员打一场 18 洞的高尔夫球，如何？我们在培柏海岸高尔夫球场（Pebble Beach，又称鹅卵石海岸高尔夫球场，世界顶级的球场之一。译者注）预定了 7 点半的开球时间。有你参加，我们就可以进行四人比赛了。”

“你不是开玩笑吧？培柏海岸高尔夫球场？”我深吸了

一口气说道。

“看来你接受邀请啦。”

“但是，你会对他们怎么讲呢？我是说，你怎么介绍我呢？”

“就说你是我的双胞胎弟弟好了。”

GO *FOR* NO

第十五章

反思的时刻

那天上午的大部分时间里，我都在读一些可能很多年都无法出版的书（至少对我来说是这样），观看访谈节目（这些年里，这类节目在走下坡路），节目的访谈嘉宾过着比我更为绝望的生活。不过，我发现自己主要是在反思前一天晚上的谈话，在为自己浪费时间去实施一个错误的、毫无效果的“成功/失败”模式而懊悔不已。我那样浪费时间，简直就是犯罪。

我回到书房里，从书柜上取下那本《从失败走向成功》，决定更仔细地温习书中的概念。这一次，我一字一句地通读了整本书。因为，如果哪一天我突然在自己的床上醒来，发现没有认真学习这本书，我会万分懊悔的！毕竟，谁知道会发生什么事情呢？

在书的背面，我发现了一张折页，上面有一张图表，题目是："'拒绝'的五个层次"，我突然眼前一亮，撕下这张图表，对折了数次，揣进了我的裤子口袋里。在很多电影中，时光旅行者都会从另一个时空里带回证据。如果我能够回到1990年，回到我的伊莲、我的妻子身边，那这一页纸岂不就是我的证据！

我合上书，看了看时间。天色渐渐晚了下来，汽车很快就会来载上我去机场，乘坐飞往蒙特雷的航班。

失败的五个层次……

第一层次 失败的能力

在这个星球上,100%的人都有能力去失败……我们每一个人都是在这里开始的!

绝大多数人永远只停留在这个层次,因为他们有着太强烈的渴求去不惜一切代价躲避失败。因此,80%的人从未跨过这一层次。

第二层次 愿意失败

达到第二层次的人愿意失败,这意味着,他们接受,失败是追求成功道路上的一个自然副产品。

在所有人当中,能够达到第二层次并且坚持一段时间的,不足20%。

第三层次 想要失败

想要失败,远不只是单纯地忍受失败,或者将失败接纳为人生的一部分。所谓想要失败,就是培养出对失败的渴望,同时在内心坚定地相信,失败会带来个人成长和财务改善。

能达到这个层次的人,不到5%。

第四层次 更大、更快地失败！

上升到第四层次的人，得出这样一个结论：如果失败是好事，那么更快地失败，当然就是更好的了！

不仅要更快地失败，而且如果一个人提高他的失败率，那就最好去追求值得为之付出努力的大目标！

第五层次 倍数地失败

这是最后一个层次，能达到这一层次的人为数甚少。他们懂得，巨大成功往往需要努力的倍增。

到达第五层次的人，会整合他人，和他们一起失败；他们并且知道：如果个人的失败意味着个人的成功，那么团队的失败就等于团队的成功！

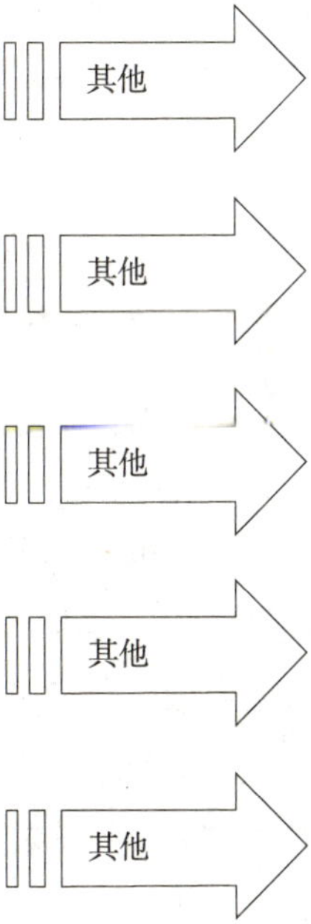

如何突破它们！

GO FOR NO

第十六章

我是机长

轿车准时到达，接上我很快去了机场。出乎我意料的是，轿车停在一个私人停机坪上，在一架 4 个座位的小型喷气式飞机旁边。

“你怎么啦?”埃里克问道。

“唔，我从未坐过这种飞机。我有一个自己的原则：绝不乘坐小得能塞进我车库里的飞机。”我看着那架小飞机，开玩笑似的回答道，竭力地掩饰我内心的害怕。

“没错！我也曾经害怕坐小飞机，不是吗?”他几乎是自言自语。“得了，现在担心太晚了，没有其他办法了，上飞机吧!”

“呃，机长呢?”我问道。

“我是布莱顿机长，愿意为您效劳。”他鞠了一躬，说道。

“你是说，我今后会开飞机？”我问道，简直不敢相信。

“只要你克服了恐惧，你就会开！好了，上飞机吧。”

我怀着忐忑不安的心情钻进飞机，系好安全带。这时，我那个胆大包天的双胞胎发动了引擎。很快，我们的飞机就在跑道上滑行起来，一头钻进了天空。

飞机继续爬升，在巨大的引擎轰鸣声中，他大声叫喊道：“时下流行一首歌，里面有句歌词是‘每天都做一些让你吓得半死的事情。’这说得多好啊！”

“好吧。今天我已经吓得半死了，现在可以降落了吗？”我咬紧牙关问道。

“埃里克，不要总想到恐惧，要看到积极一面。”

“哪一面？”

“你在扩大你的舒适区。你知道，舒适区绝不是静止不变的，它总是处于扩展或收缩状态中。想想看，你现在是多么勇敢啊！”

“我不是勇敢。我现在怕得全身发抖！”

“勇敢并不是毫无恐惧，”他解释道：“勇敢是直面恐惧并采取行动，它是虽然害怕做某件事情，但还是去做了。”

“做了以后，你就会拥有力量！”我以布道者的嘲笑口吻说道。

“对了。”我的“双胞胎哥哥”答道。

在接下来10分钟里，我尽可能地表现勇敢。正如他所预料的那样，我的恐惧终于开始减退，我开始享受这次飞行了。

“看起来，你放松了一些。”

GO FOR NO

第十八章

世界上最赋予人力量的词语

“等一下。你是说：去拥抱拒绝？”我问道。

“没错。”他平淡地回答道。

“怎么讲？”

“很简单。你与其设定每星期将要得到的认可数量目标，不如你可以设定每星期将要得到的拒绝数量目标。”

“这太疯狂了！”

“你想疯狂吗？明天上午要同我们一起打高尔夫球的一位销售员，他的车牌是：N♥WTHNO（in love with no，爱上拒绝）。你知道这是为什么吗？去年，在公司所有销售员中，他被客户拒绝的次数最多，获得了这个奖励。”

“失败次数最多的人，你还给他奖励？”我问道。

“没错。这可是我们公司的最高奖励之一。在年终颁奖宴会上，他不但获得了奖杯，同事们还对他报以经久不息的站立鼓掌。”

“遭受了这么多的失败，同事们还如此赞扬他？这可是头一回听说！”

“还没完呢。他回到座位以后，把这个‘最多拒绝奖’紧挨着‘全国销售冠军奖’放在一起。”

“你是说，你销售团队中的这个失败次数最多的人，也是整个公司的销售冠军？”我难以想象。

“还是连续4年呢。”他说。

“简直不可思议！”

“是的，这也正是我一直想告诉你的。几年前，我们邀请了一位著名的激励大师，为我们的年度销售大会作演讲。在演讲中间，这位演讲人告诉销售员们说，世界上最能赋予人们力量的词语是‘行’，然后他让所有人都站起来，齐声高喊：‘行！行！行！行！行！’。我必须承认，他的这种做法让人力量倍增。我是说，每个人都热血沸腾，确实很富有激励性。当然，也有一个问题：他的做法虽然是出于好心，但绝对是错误的！”

“你是怎么做的？”

“我可不能让我那800名销售员走出会议室的时候，脑子被他给拧反了，因此我只想到一件事情。那位演讲人讲完离开会场以后，我跳上演讲台，告诉所有人说：他是错的，世界上最给人力量的词语，不是‘行’……世界上最给人力量的词语，是‘不行’！

我告诉他们说，听见客户说‘行’，这是销售工作中最容易的部分，它不会教给我们任何东西。但是，学会不断听客户说‘不行’而永不放弃……这才会建立我们的品格和自尊，这才是给予我们的真正力量！

“距离卓越只有两字之遥。”我想起了前晚我们的谈话，于是说道。

“没错。这两个字就是……”

“不行！”

GO *FOR* NO

第十九章

订立拒绝的目标

“普通的销售员，一旦完成了销售任务就会慢下来，你同意吗?”我的导师问道。

“同意。”我回答道。

“你认为是什么原因呢?”

“我猜想，这是因为他们在为自己取得了一些成就而奖励自己吧。”

“糟蹋他们打破每周或每月销售记录的机会，以此来奖励自己?不是的。我认为，这只是他们留在舒适区，避免遭遇到拒绝的痛苦的一种方法。大多数人将自己在这个世界上生存所必须忍受的痛苦量定义为‘必要之痛苦’。根据定义，超过这一数量的痛苦就是‘不必要之痛苦’。正因为如此，他们如此轻易放弃了额外的努力。他们已经在自己大脑中将它贴上‘不必要的’标签。”

“这个星期，我就是这样做的。”我终于承认说：“星期一，我赢得了开门红。我打了3个销售电话，就有了3个成交。接下来，我做了什么呢？星期二，我在处理文件工作；星期三，参加了一次小组讨论会；星期四，我要去打高尔夫，接着我就掉下了床，糊里糊涂地来到了这里。就是这些。”

“本杰明·富兰克林说得好：成功毁掉了许多人。”

“没错。我让伟大的一天变成了糟糕的一周。”

“让我们来看看：如果你设定的不是‘成功’目标，而是‘失败’目标，那会是什么样的情况。”

“好。”

“你这个星期的销售目标是多少？”

“我的目标是成交4个客户。”我回答道。

“那你每个星期一般要拨打多少个销售电话？”

“我每个星期尽量让自己给20个目标客户打电话。”

“好。如果你的目标不是赢得4个成交，而是获得至少16个拒绝，情况会如何呢？星期一下午你成交了第3个客户后，会发生什么事情呢？”

“我不是遥遥领先了，而是大大落后了！”我感叹道。

“没错。那你必须得做些什么事情呢？”

“我必须增加拨打电话的数量，才能获得这个星期的16个拒绝！”

“没错！你的成功将一定会导致销售电话数量的增加；而如果你的目标是成交，你就会尽量减少拨打销售电话的数量。”

“我明白了!”我激动地说。“我有一个从事网络营销的朋友保罗，他就是一个例子。如果他的目标是每个星期发展10个新人进入他的生意，而他约请的人中，一般只有10%左右的人会前来参加聚会，这样，他的目标就应该是听到100人对他说‘谢谢，不要!’”

“是的，他的目标应该是被100个人拒绝。我们可以称之为‘致富的拒绝之路’，简称为拒绝—致富。”

“拒绝—致富?”我轻声地自言自语道。

“埃里克，实话告诉你吧。在过去10年以来，我从来没有设定过一个传统意义上的以成功为导向的目标。我只设定我要获得的拒绝数量的目标。”

“你根本就不设定成功目标?”我简直难以置信。

“绝对没有，”他坚定地回答说：“如果我订立以结果为导向的目标，并关注自己在这些事情上做得多好，我很可能会像你一样慢下来。但是，我关注的是以行为为导向的目标，不断提升我的失败数量。我完全相信：如果我设定足够高的拒绝目标，在每次销售中都全力以赴，做到最好，那成功就会自然到来。事实的确如此。”

“我明白了。可是，这可很不容易习惯啊!”

“我也是过了一段时间才习惯了。伊莲接受这个理念，花费的时间就更长了。但是，她一旦接受了，就没有任何东西能阻碍她了!”

“伊莲是如何应用这个概念的?”我问道。

“现在她拥有三家画廊，两家在圣迭戈，一家在圣巴巴拉。”

“她拥有三家画廊?”我惊讶得有些结巴。

“没错，手下有45个销售人员，他们面对着进入画廊的所有这些顾客，每天都有无数的机会去拥抱拒绝。信不信由你，研究表明：在零售人员和顾客之间的所有互动中，85%的时候，销售人员没有开口询问对方是否有意向购买，就让这个互动结束了。85%！我说的是真的，伊莲的成功，很大程度上来自于她对员工的培训方式。每一个走出‘伊莲·布莱顿画廊’的人，都曾至少说过一次‘不要’。”

如何订立“拒绝”的目标

要订立“拒绝”的目标，其步骤如下：

①首先，利用你目前的成交率，来确定自己需要拨打多少销售电话，才能完成你所需要的一周的成交数。例如，如果你的标准成交率是10%，而你需要完成两个成交，那么，按照目前的成交率，你就需要向20个人做出销售努力。

总是订立基于每日或者每周的拒绝目标。每月目标给我们太多的空间以及太多“想象的”时间用于修正。

②现在，你有三个选择：

选择A

用你的销售总数，减去你所希望的成交数，就得到了你一个星期最低的“被拒绝”目标数量。在这个例子中，是20－2＝18。

选择 B

为了保险起见，可以将你的被拒绝目标设定为 20，以确保成功。

选择 C

再制定出一个计划，增加你的被拒绝数量，从而提升销售业绩。例如，如果你希望这个星期的销售能提升 30%，那就用你的最低被拒绝目标 18，乘以 1.30（增加 30%）。18 × 1.30 = 23.4。而你需要的都是整数，因此你这个星期的被拒绝目标数，就是 24。

选择 A 会让你避免出现因为开局很棒而松劲懈怠，最终限于糟糕的结局。选择 B 会让你增加 10% 的销售电话，这样你就有了一张达成目标的安全网，还可能稍微提升销售业绩。选择 C 会为你的销售业绩创造爆发性增长，你想要多高，就有多高！

"成功是目的地，而拒绝是到达目的地的途径！"

GO *FOR* NO

第二十章

当你炽热的时候，你就是炽热的

“订立拒绝的目标，还有一个好处，那就是你会在潜意识里建立一种保护机制，避免你在自己仍然在炽热状态的时候过早停下来，而依然持续不断去行动，继续创造更多的业绩。他们不会因为已经完成了既定的目标，就心满意足而停止了努力。”他接着说：“当销售人员连续获得了几单成交的时候，他们能做的最糟糕的事情，就是后退一步，松懈下来，而他们恰恰就是这么做的。如果你瞄准的是拒绝的目标，即使你连续得分，获得了数单成交，你仍然会继续努力的，因为你要达到你的拒绝目标。当棒球队的某位明星队员连续得分，处于炽热状态时，教练会让他停止比赛吗？”

“不会。”我回答说。

“既然如此，那为什么销售人员在连续成交后会停下来呢？这根本没有道理呀！你绝不希望自己失去成功势头的！埃里克，当你拨打3个销售电话、一连获得了3个成交以后，你做了什么呢？”

“我让自己退出了比赛。”

“没错。如果你瞄准的是拒绝目标，那你的目标就远远未实现，你就会让自己留在比赛中。这样的话，我们永远无法想象，你在这个星期里会有怎样的业绩。”

“喂，别老是提这件事啊！”我假装生气地说道。

“我一定要重复地提这件事，一直提到你觉得很痛苦为止！如果它让你非常痛苦，也许你会改变你的行为。”

“别担心。它已经让我痛苦不堪了。”我带着肯定的口吻对我的“双胞胎哥哥”说道。

第二十一章

下 一 个

“你可能以前听说过下面这个例子，据我所知，它是说明成功与失败之间关系的最好例子之一。亚伯拉罕·林肯只受了不到一年的正式教育，做生意两次失败，参加10次选举输掉了8次，1860年才赢得了总统大选。人们缅怀他是因为他的这些失败吗？不是的。人们缅怀他，是因为他拯救了这个联邦国家、废除了奴隶制，是因为他是一个正直勇敢的人。如果林肯的逆商低于常人，那我们这个国家会走向哪里呢？”

“逆商？”我重复道。

“是的。我们每个人都有自己的逆商（Failure Quotient，挫折商数）。换句话说，就是一个人在获得成功前愿意被打倒多少次？跌倒后，明明知道还会再次被打倒，他会愿意再站起来多少次？在迈向成功的道路上，他能够忍受多少失败呢？

决定一个人是实现他所梦想的人生成就，还是捡到一点儿芝麻绿豆就安于现状，最为重要的因素就是他的逆商。美国这个国家真是幸运啊，因为林肯的逆商非常高！”

“我想，我的逆商就相当低了。要是我连续被人拒绝三四次，那我肯定会停下来喝杯咖啡，休息一下。”我笑着说道。

“你知道吗？罗兰·哈斯·梅西（R. H. Macy，著名的梅西百货公司创始人）失败了7次，才让他的连锁百货公司起步，最后才获得了成功。你知道哈兰德·桑德士（Harland Sanders）创办肯德基快餐店时遭遇到了多少次拒绝和失败吗？这个家伙当时都65岁了，他拿到了自己的第一笔退休金，却发现这退休金连生活费都不够。于是，他开始行动，在随后两年时间里，向快餐店老板们销售他的炸鸡配方。你知道，在这两年里，他签下了多少家快餐店吗？”

“不知道。”

“零家，一家都没有！要是常人，估计早就放弃了，但这位‘上校’可不是常人，他是‘非常人’。他继续销售，他的讲解越来越好，终于签下了一家快餐店，接着又签了一家，一家又一家。我敢肯定地说，那一刻他体味到的成功的感觉不是甜蜜的……而是味道好极了，好到吮手指！（肯德基曾使用过的一个广告语）

我们绝对不能让‘拒绝’这个字眼将我们压垮。想想看，一名医生会如何看待它？每个医生都知道，在某个时刻，他注定会失去一位病人的生命。如果一位医生在失去一位病人的生命后，都唉声叹气地说：‘完了！我完了！我失败了！我的从医生涯到头了！’那会发生什么情况呢？”

“很快我们就再也没有医生了。”我回答说。

“没错。正因为如此，医学院的所有学生都学会了一个神奇的词语，一旦他们失去一位病人的生命，就需要这个词帮助他们度过痛苦、继续前行。”

“是什么词呢？”我问道。

“很简单。这个神奇的词语是——下一个！当医生失去了一位病人的生命，他必须能够将注意力转移到下一位病人身上，他必须继续前行，这是唯一理性的应对方式！但是，我们大多数人遇到失败后，是怎么做的呢？我们分析它，我们为它而饱受煎熬，我们让自己被它埋葬起来。事情没有朝我们所希望的方向发展，此时我们应该做的是：只需说一声‘下一个’，然后继续前行。”

“你说起来容易。”

“要做到这一点是不容易，但是，只要去实践，就会越来越容易。生活中的所有事情都是如此。”

“我真希望知道自己为什么不愿意听见失败这个词。我曾经认真寻找过这个问题的确切答案，但是我还是不知道。”

“到底是什么原因，这不重要！”他大声说道：“人们害怕被拒绝，其原因是深埋于内心的，是难以计数的：他们长大的时候发生的事情，早年销售经历的一次创伤，等等；谁知道，又有谁在乎呢！我只知道，那些激励性 CD 不会将你的创伤抚平，威胁不会将恐惧吓跑，对恐惧置之不理也不会让它自动离开。唯一的方法是，学会让自己对失败‘失去知觉’。”

“你是说要忽视恐惧？”

“不是，我的意思是刚好相反。对拒绝失去知觉，并不是要忽视它，而是如此大量地、经常地去经历它，直到它失去了所有影响你的力量。去做让你觉得恐惧的事情……”

“……恐惧就会离开。”我把这句话接上了。

“是的。埃里克，你要记住：人们缅怀林肯，不是因为他的失败，而是因为他的成就。人们记住贝比·鲁斯（Babe Ruth，美国棒球超级明星），是因为他创造了714次本垒打的纪录，而不是因为他1330次出局，而后者同样是一项纪录！当生活中所有事情都尘埃落定的时候，谁也不会记住你的失败，只会记住你的成功。你也如此。”

说完，我的“双胞胎哥哥”将注意力转向飞机的驾驶上，我们开始缓慢地下降，飞向蒙特雷机场。

GO *FOR* NO

第二十二章

海边的清晨

电话铃声响起的时候，外面还是一片漆黑。我翻过身，伸手摸到了话筒，放在了耳旁。

“你好。”我有气无力地说道。

“早上好！”一个兴奋的声音在我耳边响起来：“这是早上5点钟的叫醒服务！”

叫醒服务？几秒钟后，我才想起了自己在什么地方，很快我就明白了一切：现在是星期六早晨，我住在西班牙海湾酒店的一个套房里，酒店四周是高大的松树林，俯瞰着下面的太平洋。我将要在世界著名的培柏海岸高尔夫球场打球啊！

我跌跌撞撞地下了床，刮了胡子，穿好衣服，然后向楼下大堂走去。真是不可思议，一个人要去打高尔夫球的时候，他就会浑身充满力量。

我刚到达大堂，埃里克就迈着大步到来，我们一起步入高雅的酒店餐厅，点好了早餐。

“睡得好吗？”埃里克拨弄着他的熏三文鱼蛋松饼，问道。

“是的，睡得很好。”我回答道。

“很好。今天上午，我可不想你找到任何借口，让我要在高尔夫球场上踢你的臀部！”

“你认为结果会是这样吗？想打赌吗？”

“赌什么？别忘了，你可是身无分文啊。”

他把我问住了。

“不过，我们可以玩点别的。”他带着神秘的口吻说道。

“比如说呢？”

“这样吧，赢者今天下午就可以坐在听众席上，而输者就去做讲演。”

我望着他，发现自己无法辨别他是不是认真的。“我认为，你喜欢在大群听众面前演讲呢。”

“你是从哪里得知的？”

“在你那本书的封套上。”我回应道。

“得了吧，不要读到什么就相信什么。”他大声笑着说：“实际上，我站在讲台上的时候，是怕得要死的。每次有人在台上介绍我的时候，我都问自己：我干吗要接受这个邀请呢？有时候，我感觉自己的心脏简直就要跳出胸膛了！”

“那你为什么还要演讲呢？”

“记住：舒适区绝不是静止不变的，它或者在扩展……”

“……或者就是在收缩。”我补充道。

“完全正确。”他说道：“我知道，如果我哪一天开始屈服于生活中某个领域的恐惧，那么我迟早也会更轻易地逃避其他挑战。”

* * * * * *

我们在第一发球区见到了库尔特和谢丽尔。在那里，埃里克向他们介绍了我，说我是他的双胞胎弟弟爱德华（正如我们前一天晚上吃晚餐时所商定的那样）。

“很高兴见到你，爱德华。”谢丽尔主动伸出手来，对我说道。

“爱德华想进入销售领域，”埃里克对两人说道：“因此，如果他在打球的时候向你们俩请教问题，希望你们不要介意。”

“没问题。”库尔特一边同我握手，一边说道：“反正我们也是三句话不离本行。”

我得到第一个开球的荣幸。我击出的虽然不是特别长距离的球，不过也算是打得笔直的，这让我感到非常高兴。但是，局面很快就明朗了：今天的赢家应该不会是我，因为库尔特、埃里克和谢丽尔打出的距离都超过我 20 码。

埃里克和谢丽尔乘一辆高尔夫球车，而我和库尔特乘坐另一辆球车。

“你想从事销售，是吗？”库尔特问道。

“是的，你给我分享的所有建议，对我都是有帮助的。”

“你想知道什么事情呢？”

“嗯，我真正想知道的是：我哥哥的理念对你产生了多大的影响？你会推荐我使用这个理念吗？”

“你说的理念，指的是……”

“我说的理念，是拥抱拒绝而不要拥抱胜利、提升逆商等等的东西。”

“哦，第一次听见这个理念的时候，会觉得有些奇怪，是吧？”

“没错。我知道，这个理念在他的身上发生了作用；我见过他的豪宅！但是，它对普通人也会发挥作用吗？”

“不会太长时间……”库尔特回答说。

这并不是我所期待的回答，不过库尔特很快就说明了他的真实意思。

“因为在一个短时间内，每个采用他的策略的人，都会不再甘于平凡。”他接着说道：“我刚开始为你哥哥工作的时候，就患上了严重的‘狗鱼综合征’。你听说过‘狗鱼综合征’吗？”

“我应该没有听说过。”

“加拿大一家大型水族馆的科学家做了一个实验：他们将一条大狗鱼和一些小鱼放入一个大水箱，并用一块玻璃板加以隔开。科学家们看到，那条饥饿的狗鱼的鼻子不停撞击着透明的玻璃板，试图冲过去吃那些小鱼，但很多个小时以后，它终于放弃了。接着，科学家们移走了玻璃板。你认为会发生什么情况？”

“小鱼们，再见啦！”

“错。那条狗鱼呆在水箱自己的那一侧，转着圈圈游着，而午餐就近在眼前，无法超越一个想象的障碍。狗鱼的鼻子经过多个小时的撞击，已经形成条件反射，待在自己设置的限制里。”

“大多数人和狗鱼没有什么不同。”他接着说道：“他们遭遇了几次逆境，碰了几次鼻子，就学会放弃。后来，他们发现自己去了一个新的环境，这里没有真正的障碍，他们可以想吃多少小鱼就吃多少。但他们吃到了吗？没有。他们将自己限制在自我想象的墙壁里。当我刚开始为复快特公司工作的时候，我就是这样。但是，你的哥哥改变了我的思维方式、销售方式和生活方式。我对他真是感激不尽啊。”

“因为他教会你如何成功？”

“不是的。是因为他教会我去享受撞击自己的鼻子！”

GO FOR NO

第二十三章

你不想买保险吧，想吗？

天空中的太阳升高了一些，阳光照耀着培柏海岸高尔夫球场，照耀着蒙特雷半岛，真是美不胜收啊。打完第 9 洞后，我清楚地知道，另一个自己的误差不超过 6 个，而我自己则必须非常努力，才能让误差保持在两位数。

在打第 10 洞的时候，埃里克提议我们交换球车，好让我有机会同谢丽尔待在一起，也让我从她身上学到一些东西。

“我想，你也接受了拒绝越多越好这个理念吧?”我开口问道。

“当然！研究表明，高达 80% 的销售人员没能撑过第一年，原因很简单：他们没能拨打足够多的电话。就是这样，没有其他原因了。”

“我过去一直以为，成功的关键是技巧和能力。”我回答道。

“技巧的重要性被高估得太多了。”谢丽尔大声笑着说道：“不要误解我，爱德华。当我刚开始从事销售工作的时候，我参加了很多培训课程，来提升销售技巧。问题在于，我没有花足够的时间去运用它们！当我忙于让自己变得更聪明的时候，很多才能和能力远不及我的人，却迅速超越了我。我终于明白：一个充满激情并愿意让自己站在很多人面前去讲自己故事的人，其销售业绩几乎无一例外地超过那些有着花哨社交方法和奇特销售技巧的‘销售老手’。我给你举一个例子吧。

芝加哥有一家保险公司，邀请了一位顾问来分析公司利润下降的原因。该公司每个月每一个销售员平均只有两个半成交客户，而且他们似乎已经想尽了所有的办法。这位销售顾问来到以后，马上发现了问题所在。他告诉他们说：‘你们唯一的问题是，没有打足够多的电话。’”

咳，在该公司的高层管理人员看来，这个答案也太简单了吧。毕竟，他们邀请这位销售顾问是花了大钱的，他们希望他能找到一个大问题！于是，这位销售顾问说：‘我来向你们证明！’

他从销售人员中选了一些人，能力参差不齐，有最优秀的，也有最糟糕的，组成一个小组，告诉他们说：从今天起，你们要到那些你一个人都不认识的社区去，挨家挨户地销售保单。不会有人给你名单，没有人给你过滤那些潜在对象。当人们开门的时候，你们必须开口这样说：‘你不想购买人寿保险吧，想吗？’他们的任务非常简单，就是看看他们每天能向多少人重复这一句话。就是这样！不用说，销售人员对此有些怀疑。”

“我能想象。那结果如何呢？”

“这个方法并不成功。”她平淡地说道。

“当然会失败啦。”我为自己有先见之明而得意。

“没错。他们拜访的客户中，每60个人当中，有59个会说：‘你说得对！我不想买保险，走吧，别来烦我！’但是，60个人中，有一个人会说：‘其实，我真的需要买人寿保险。进来谈谈吧！’”

“60个人中才有一个，这个比例可不高呀。”

“如果拜访60个客户要花费一个月的话，那你说的确实没错。但是，采用这位销售顾问的方法，普通销售人员发现，只是让自己说‘你不想买人寿保险吧’这句话，他们只需花费大约8小时就能拜访60位客户。结果，很快他们就能平均每天成交一个客户了！”

“哇噻！那家公司得以活过来了，对吗？”

“是的。将你销售的东西直接告诉足够多的人，哪怕是你能想象到的最负面的信息，都能挽救整个公司、整个事业。你瞧，如果你真心希望快速提升你的销售业绩，你就必须更快地失败！”

“这让我想起了我所听说过的一位电话销售大师。”我插话道：“他推荐的方法是：在电话接通后的10秒钟内，电话销售员要询问客户是否有兴趣听听有关他们所销售的产品的信息。如果客户拒绝，那就礼貌地说声‘谢谢’，然后继续拨打下一个电话，而不要滔滔不绝地说完整套销售台词。结果，他们拨打了比以前多10倍的销售电话，而只是把时间用于向那些已经自我过滤的潜在客户作详细销售讲解。”

“这两者的基本前提都是一样的。”谢丽尔回答道：“你知道，当你在淘金的时候，你并非在找金子，而是把泥土挑出来。销售和淘金非常相似，最终发现‘成功金子’数量最多的人，正是那些用最快速度挑出最多泥土的人，也就是那些经受拒绝次数最多的人！”

GO FOR NO

第二十四章

“不”并不等于“永远不”

打完第18洞后，埃里克提议去高尔夫球场的会所餐厅吃午餐。很快，我就享用着我有生以来吃过的最美味的熏肉、生菜和番茄三明治了。

“库尔特和谢丽尔回答了你的问题吗?”埃里克问我。

“是的，回答了。”我点头说道。

“很好。如果你们不介意的话，我有一个问题，想问问你们俩人。”埃里克看着库尔特和谢丽尔说道。

“行啊，当然不介意。”他们齐声地回答道。

“我对你们俩人提出的是同一个问题，它就是：除了‘拥抱拒绝’这个基本理念、提升自己的失败率之外，对任何一个希望在销售行业上取得巨大成功的人，你们还会提出的一条最好的建议，是什么呢?”

"女士优先!"库尔特不怀好意地笑着对谢尔利说道。

"谢谢你让我做出头鸟!"谢丽尔开玩笑道。

"伙计们，这又不是什么考试。"埃里克安慰他们说："我只是想让我的弟弟尽可能多地学习你们的经验。"

"好吧。"谢丽尔开始说道："我能给出的最佳建议是，要明白'不'并不意味着'永远不'，它只意味着'现在还不'。统计数据表明：

44%的销售员在接到第一个'不'之后就放弃了；

22%的销售员在接到第二个'不'之后放弃了；

14%的销售员在接到第三个'不'之后放弃了；

12%的销售员在接到第四个'不'之后也放弃了。

这一共是多少了?"

我飞快地做了一个心算。"92%。"我回答道。

"没错。92%的销售员还没有问人们第5次的时候就放弃了。然而，研究还告诉我们：60%的客户会拒绝4次，然后才会接受。这就是说，要想同其他大多数销售人员拉开距离，最快的办法是被你的客户拒绝至少5次!"

"你跟踪这些记录吗?"我问道。

"当然了!"她回答道："我可以查看我的销售记录，告诉你我的每一位潜在客户究竟拒绝了我多少次。没有被潜在客户明确拒绝至少1次，我绝不会离开他的办公室，因为一个'不'总是比'让我想一想吧'好得多。"

"为什么呢?"我好奇地问。

"因为当我得到了对方的'不'，我就会马上迈向下一步骤，问他'为什么呢?'而'让我想一想吧'，这句话根本不会带给我任何东西，如果他说‘不’，我跟着问他‘为什么呢？’我很快就会发现，我接下来应该怎样做才能达成交易。”

“她总是会达成的。”埃里克微笑着补充道。

“当潜在客户说‘不’的时候，大多数销售员听见的是‘永远不’……但是我听见的却是‘现在还不’！”谢丽尔总结道。

“这让我想起了艾伦·布里德的故事。”库尔特说。

“艾伦·布里德是谁啊？”我问。

“你的汽车里有安全气囊吗？”库尔特问。

“当然有了。”

“正因为有了艾伦·布里德，才有了安全气囊。早在1967年，艾伦·布里德就开始向底特律的汽车厂商们销售他发明的安全气囊传感器，但是，当时的三大汽车厂都让他消失。他们对这个玩意儿不感兴趣，他们认为这是毫无必要、太过昂贵了。但是，布里德并没有消失。他不但继续游说汽车厂，还花费了大量时间和金钱去游说国会议员。从他开始这个努力起，20年以后，国会终于通过了法案，强制使用安全气囊。”

“20年！他的逆商可真够高的啊！”

“故事还没有完呢。”埃里克插话说，点头示意库尔特继续讲。

“又过去了10年，他的第一笔大买卖才成交了。”库尔特说道：“1995年，距离布里德遭遇第一次拒绝差不多30年以后，布里德科技公司销售了2300万个安全气囊传感器，净利润高达1.2亿美元！”

“我认为，我们完全可以说，大多数人都听见了‘不行’，”埃里克说道：“但是，艾伦·布里德选择听见了‘现在还不’。”

“这个故事让我想到了另一个问题。”谢丽尔说道：“布里德是在1995年赚了1.2亿美元，还是在他愿意拥抱拒绝的那些年里，每一年赚到了400万美元？”

GO FOR NO

第二十五章

大大地失败

“好了，库尔特，该你了。”埃里克换了换坐姿，将注意力转向这位皮肤黝黑、长相英俊的销售员。

“好的，我得说，我的建议是……如果要失败，那就要大大地失败！”库尔特说道。

“详细地解释一下。”埃里克鼓励道。

“我的意思很简单。”库尔特接着说：“常识告诉我们：反正你都要被一个人拒绝，那就要被需要 20 台复印机的大客户拒绝，而不是被只需要两台复印机的小客户拒绝；要被每月需要 4 万升清洗剂的大公司采购代表拒绝，而不是被一个只需要 4 升的家庭主妇拒绝。

想一想这些数字。如果我打电话给 100 个客户，每个客户可能向我租两台复印机，假设我的成交率是 10%，那么我就会租出去20套复印设备，对吧？但是，如果我专注于那些可能租赁20台复印机的客户上，我只需要成交一个客户，同样也能租出去20套设备！”

“你是说，要避开小客户？”我试图总结道。

“我完全不反对拜访小客户。小单会逐步成长为大单的，而且他们通常会有更高的利润。我想说的只是：很多销售员因为害怕搞砸了大客户，而刻意回避这些大客户。真是愚蠢了！客户无论大小，反正‘不要’都是‘不要’，但是当大客户说‘要’的时候，回报却是巨大的！”

GO FOR NO

第二十六章

倍数地失败

库尔特和谢丽尔反击我那“双胞胎哥哥”的时间，终于到来了。

“埃里克，现在轮到你了。要想在销售行业里获得巨大成功，你认为最重要的单个因素，是什么呢?”谢丽尔问道。

“在过去三天里，我一直都在花大力气来鼓吹我对这个问题的观点。我相信，爱德华都听够了吧。”

“你的建议，我永远都听不够。”我笑着说道。

“你坚持要听的话，那我就讲一讲吧。”他微笑着开始说道：“不过要明白的是，我的观点都是从管理的角度出发的，我想给出两条建议。”

“对起步者而言，我想说的是，要想创造巨大成功，其关键是理解规模化地失败的必要性。一个人的失败速度毕竟是有限的。伟大的领导者会让组织里的每个人都明白：必须更快地去失败。

假设一个公司里有着100名销售员。想想看，公司里的每位销售员，在现有拒绝数量的基础上，每一天都再增加5个拒绝；不是向多5个客户销售，而是在现有销售活动中被拒绝的次数。”

“就像谢丽尔刚刚所说的那样，”我主动地说：“从每一个客户那里都起码得到一个拒绝，甚至是多个拒绝。”

“完全正确。计算一下，你就会发现：100名销售员，乘以每年200个工作日，再乘以每个工作日增加5个拒绝，结果是，每年增加了10万个拒绝……而无需增加任何成本！这样，对公司效益的推动是非常大的！”

“很像托马斯·爱迪生的经典例子。”我补充道：“你们都知道，记者问爱迪生，问他发明灯泡失败了一万次有何感受，对此，爱迪生回答说，我并没有失败一万次——我只是找到了一万种不可行的方法！”

“是的。”埃里克回答道：“但是，接下来发生的事情，大多数人却没有听说过。爱迪生雇请了一大批发明者，到他的实验室里和他一起工作。他非常清楚：他雇请的这些发明者，聪明程度和才能远远比不上他自己，那他为什么还要雇请他们呢？其原因是：虽然爱迪生拥有了一万次失败的经验，但他认为自己一个人的失败速度还不够快。爱迪生向世界证明了这样一个道理：当你把更大地失败、更快地失败和倍数地失败放在一起，你会获得多么大的成就啊！他几乎点亮了整个世界！

要倍数失败发挥作用，就需要公司里的某个人成为倍增因子，或者说是失败理念的倡导者，或者代言人和先行者。我无法告诉你，我见过多少管理者，当他们到达了巅峰，却突然忘记了自己是如何到达巅峰的。他们开始想方设法避免失败，当一个领导者害怕失败，机构里的每一个人都会知晓的。人们不但会感觉到，他们还会认为：如果你害怕某件事情，那这很可能也是他们应该害怕的事情。”

GO FOR NO

第二十七章

庆祝成功和失败

“埃里克，你说过，领导者可以做两件事情，去创造巨大的成功。那第二点呢？”我问道。

“第二点就是：不仅要奖赏人们的成功，还要奖赏他们的失败。”他回答道：“当人们获得销售成功的时候，每个人都会跑过去向他表示祝贺，但是，当一个人失败的时候，我们是否会向他表示祝贺呢？”

“基本上不会。”我说道。

“没错。迈克尔·勒波夫在其《最伟大的管理原则》(Michael LeBoeuf, The Greatest Management Principle)一书中，说得非常精辟：你不会得到你所乞求的、希望的、祷告的，你得到你所奖赏的。如果你真心相信，拜访大量的潜在客户，最终能带来成功，而且你也希望这种行为持续不断地发生，那么不管短期结果如何，你都应该奖赏大量拜访客户这种行为。请不要误会我，我完全赞成要奖赏人们的成功，但是不应排除对那些发自内心地愿意和想要失败的人，要给他们适当的奖赏。你一定不能因为他们还没有成功而忽视他们。”

“在复快特公司，我们会授予业绩最好的十名销售员‘业绩高手’奖章，”埃里克接着说：“但是，对于公司里失败次数最多的十名销售员，我们也会授予他们‘拥抱拒绝’奖章。如果我没有记错的话，谢丽尔和库尔特在两个榜单中都名列前茅。”

“很有趣，”谢丽尔说道：“对于我来说，‘拥抱拒绝’奖比‘业绩高手’奖更有意义。”

“真的吗？”我有些怀疑地问道。

“是的。‘业绩高手’奖只是对我外在成就的一种认可，而‘拥抱失败’奖是对我内心渴望的一种确认。”

“我也有同样的感受。”库尔特补充道：“除此之外，我们每个星期还会得到支票，作为对我们工作结果的奖励！”

“有意思的是，”埃里克说道：“我们以为我们设置了两个不同的奖项，但随着时间的推移，它们几乎互为镜像，合为一体了。”

“这是因为我们发现这样的规律：赢得‘拥抱失败’奖章，几乎就确保了你最终也会赢得‘业绩高手’奖章。”库尔特总结道：“或者换句话说，成功是目的地，而拒绝是到达目的地的途径！”

GO *FOR* NO

第二十八章

一眨眼间

直升机在旧金山市中心的莫斯康国际会展中心（Moscone Center）的屋顶上停下来，这里正在举行“国际销售经理人协会”的年度会议。有人前来迎接我们，并陪同我们进入一个绿色的小房间，在这里，演讲嘉宾们正在做登台前的准备和放松活动。

“有多少听众？”我问我们的陪同人员。

“大约有3000人。”他回答道。

我马上转头看了一眼埃里克，他肯定也感到些许紧张，但还是挤出了一丝微笑。我从未对20人以上的听众发表过演讲，我能想象得到我的那位“双胞胎哥哥”有多么紧张。

陪同人员出去查看准备情况，绿色房间里只剩下埃里克和我。

“你看上去好像在沉思。”我说道：“最后一秒钟的温习？”

“我只是在决定演讲以一个什么故事来结束。我想，我就讲讲昨天下午在我的办公室里发生的事情吧。”

“能给我讲讲吗？”

“当然可以。当时有一个销售员打来电话，向我销售‘永久退休居所’。”

“永久退休居所？这究竟是什么意思啊？”我问道。

“它是现在人们对‘墓地’一词的另一种说法。我告诉他说‘不要，谢谢’，然后挂上了电话。10分钟后，他又打来电话，对我说：‘布莱顿先生，你知道，你待在这个地球上的时间不过就是眨眼之间，而之后的时间却是永远的。’”

“非常好的销售词。你是怎么说的呢？”

“我这样说吧：我和你将同伊莲共度永生，永远长眠于‘森林草坪’墓园的美丽山丘上！”他大声笑着说道：“这件事情让我思考，人们是怎么说他们渴望成功的。‘我想成为一个胜利者。’你听说过这句话吗？”

“经常听到。我就曾经这样说过。”

“我也说过，但是我才发现，这句话是多么可笑。从统计数字上看来，如果你去世之前还在挑战自己，那么你所做的最后一件事情，失败的可能性也是很大的。想想看……世界上最成功的人士，他们所做的最后一件事情将是失败的！”

“埃里克，我已经获得了很多的成就。”我的“双胞胎哥哥”继续说道：“可是我才38岁。我想我还能活40年，也许活得更久，在这期间，我会去做很多伟大的事情。在我未来的时间里，或者在我们未来的时间里，会获得什么样的成功，只有上帝才知道，但是我可以100%肯定：不管是什么样的成功，要想获得它们，唯一的方法就是继续冒险、抓住机会、展现勇气。”

* * * * * *

那位陪同回来了，领着我们迈上一些阶梯，来到讲台一侧，同时有人向全场听众介绍埃里克。我们，也就是我和我的替身，迈上最高一级阶梯，准备上场。就在此刻，他俯过身来，对着我的耳朵轻柔地说一些话。他的声音如此轻柔，而此时此刻，观众席上传来一阵阵掌声和欢呼声，他们正在热烈欢迎他的上场，以至我几乎无法听清他在说什么。

“我觉得，你出现在这儿，并不是偶然的。我认为，你得到了上天送来的一件礼物，你有机会看看，如果你足够渴望的话，你未来的生活可以是什么样子的。”

“但是，我没有你那么优秀啊。”我回答道。

“唉，埃里克，你还是不明白，是吧？我并不比你优秀……我就是你啊……是那个将要成功的你啊。我是你潜能的远景，当然，前提是你愿意去做需要做的一切事情。没错，这是送给你的一份礼物……一件我要你接受的礼物！”

他双手抱着我，紧紧拥抱着我。这个时候，我明白了他的意思。他就是未来的我，是我的潜能，因此，他需要我克服那些自我设置的种种限制，否则，他将永远不会到来。

埃里克松开了拥抱，走向讲台中央，向满怀期待、热情高涨的听众们发表演讲，传递他的信息……一个如果他们接受的话就会改变他们整个人生的信息……一个我知道也将改变我整个人生的信息。

正在此时，一个戴着耳机的人轻轻拍了拍我的肩膀。

“对不起。”他说道：“摄影师说，你总是在他的画面里晃悠，我们需要你离开这里。”

“好的。”我回答道。

但是，我转身的时候，鞋跟绊上了阶梯，我失去了平衡。我慢慢地向下面的地板滚落下去，我脑子里一片空白……又来了，不要啊！

GO FOR NO

第二十九章

多萝西*回家了

我记起的第一件事情，是听见伊莲在对某个人说，“是的”，她还想同维斯医生再谈一谈；“是的”，她记得昨天晚上见过他；“是的”，她知道现在是星期天早上。这位女士从来不轻易回答“不”！

我记起的第二件事情，就是感觉右耳后面有一阵阵缓慢的疼痛。

我睁开眼睛，发现自己躺在医院的病床上，伊莲在和一名护士交谈，卡尔坐在旁边，读着《人物》杂志。

“你不是去某个地方帮别人做账了吗?”我对卡尔说道:

---

* 多萝西，美国童话故事《绿野仙踪》的主人公，有着同埃里克相似的经历：她被龙卷风刮倒在地，昏迷不醒，醒来后却到了奥兹仙境，最后借助于魔力拖鞋，返回了家乡——译者注。

"现在是报税繁忙季节，对吗?"

卡尔放下杂志，抬起头来。伊莲飞快地转身跑到床边，两眼噙满了泪水。

"我担心死了。"她哽咽着，只说出这句话。

"今天星期几了?"我问道。

"星期天。不知道怎么回事，星期四早上，你摔下床，头部受到了撞击。"

"我居然离开了4天?"我不敢相信。

"是的。医生认为，你先撞上了床头柜，接着又撞到了地板。这两次撞击，给你带来了严重的脑震荡。我们都担心得要死。"卡尔如释重负地笑着说。

护士返回来，给我量了脉搏，测了我的呼吸、体温、血压等指标，然后告诉我们说，一切都正常，医生很快就会过来。她同时建议我应该多休息。

在接下来的20分钟里，我向依莲和卡尔述说着我醒来后，去到10年后的将来，碰见了10年后的自己等等整件事情，回想着自己学到的东西，我在事业和人生中将要实现的事情。我甚至还告诉卡尔说，我去培柏海岸高尔夫球场打了一场高尔夫。他说，这听上去相当不错，我们应该制订计划，早日一起去那里打一场球，当然是在报税季节结束以后。

在等待医生到来的时候，我突然想起了我从那本书上撕下来的那页纸，接下来我不停地寻找那个证据，结果却什么也没有找到。

一切似乎都真的发生过。认为这只是一场梦，几乎是不可能的。

但是，发生过的一切事情……似乎确实是一场梦而已。

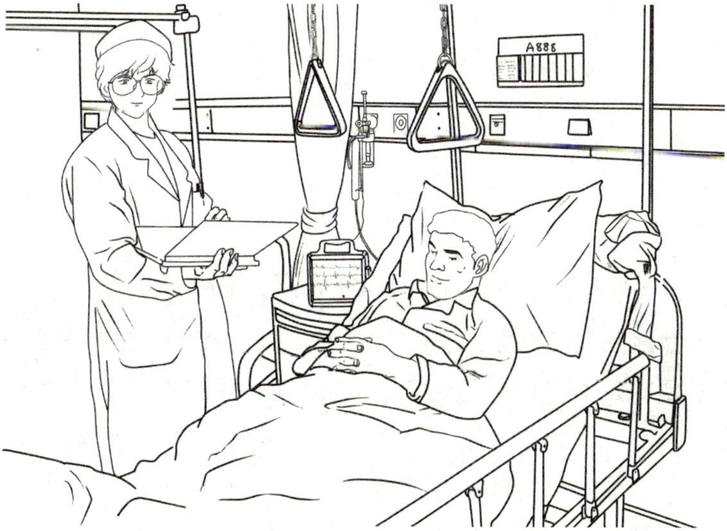

GO FOR NO

后记

六个月后

9月是南加州一年中最炎热的月份，今年也不例外。

我跳下我的汽车，看了看手表，抓起公文包，飞快地朝卡拉威高尔夫（Callaway Golf）总部办公楼大门走去。我的记事本显示，此前我已经4次拜访了这个高尔夫球界巨头，从3个人那里一共得到了17次拒绝。

自从我脑震荡恢复，重新开始工作以来，在过去5个月中，我有3个月的总体销售业绩排名第一，是“年度最佳销售人员”的最有力竞争者。我在过去6个月中赚到的钱，超过了我此前一年所赚到的全部收入。但是，最重要的数据，同时也是我最为自豪的数据，是我遥遥领先的销售复印机被拒绝的次数。我心里清楚，只要我在这方面领先，任何东西都无法阻止我前进。

前台接待员将我领进了副总裁办公室，副总裁是一个名叫罗伯特·梅里尔的男子。他对我表示欢迎，给我要了咖啡，然后请我坐下。这是我第一次见到梅里尔。

“年轻人，我不想一开始就定下负面基调。”梅里尔开口说道：“不过，你拜访我们，是在浪费你的时间。我们对目前的供应商非常满意，而且我们还有为期 3 年的合同约束。但是，你似乎非常坚持，那我就给你 15 分钟的时间吧。”说着他摘下了劳力士表，放在桌子上，提醒我开始计时了。

规定的时间结束时，梅里尔礼貌地对我说了 2 次、3 次、4 次“不行”。不过，他说他喜欢我讲的一些东西，建议我找他的秘书安排跟进时间，还补充说，他们也不是像他所讲的那样受那份合同限制。

我同 4 个人见了 5 次面，加上 21 个拒绝，机会之窗终于慢慢开始打开了，我知道，它最终一定会敞开的。

我起身准备离开，这时，我注意到一样东西，让我顿时定在那里。墙上挂着一张照片，是科斯特度假村（La Costa Resort）高尔夫球场第 7 果岭的照片。

“你打高尔夫吗？”梅里尔问道。

“我喜欢打，不过打得不多，每个月打几次吧。”我回答道，眼睛仍然盯着那张照片。

“这是科斯特高尔夫球场的第 7 果岭，”他说道：“我是那里的会员。我们应该去打一场球。”

“我敢打赌，这张照片是在你家主卧室的阳台上面拍摄的。”我自信地说道。

“没错，就是那里。你是怎么知道的？”

因为我去过那儿，我真想对他这样说。

“只是猜的，”我回答道。

“房子确实很棒。我会很想念它的。”

“你要搬家？”

“哦，还要等几年。”梅里尔回答道：“在这里，我还有很多想成就的东西，不过我的妻子更喜欢斯科茨代尔（Scottsdale），我们退休后会去那里。”

我把手伸进衣服口袋，掏出一张名片，在名片背面写上我家的电话号码，然后递给梅里尔。

“你打算出售房屋的时候，不用给地产经纪打电话了。我就是要买你房子的那个人。”

“你看上去很确定。”梅里尔回答道。

“不只是确定，”我回答道：“这是注定。”

当我朝办公室门口走去的时候，我听见梅里尔大声对我说：“等一等，你的东西掉了！”

我朝地上望去。在我坐过的那张椅子下面，有一张折好的纸。我不用走过去捡起来，就知道它是什么。它是我从埃里克的那本书上撕下来的那页纸……那是我的书……是我即将开始写作的那本书。

GO *FOR* NO

附记

我们还希望你明白，虽然本书的主人公是一位销售员，但本书并不只是为销售员而写的。本书写给那些随时会遭受到别人拒绝的所有人，例如：寻求出版商的作家、组建销售团队的生意建造者、寻求风险投资的企业家、为自己的发明或创意而筹募资金的学生、组建一支球队的运动员或者是正想尽办法要让孩子吃青菜和豌豆的父母等等。凡是希望突破自我设置的障碍、获得人生最大成就的人，都是本书的读者。

《拥抱拒绝》思考题

如果我（像本书中的埃里克那样）能遇见取得巨大成功的“未来版本的我”，那我会给自己提出哪三条建议呢？

1. ______________________________

____

____

2. ______________________________

____

____

3. ______________________________

____

____

为了走出我自己的“舒适区”，我在每一天会做什么事情呢？

____

____

____

____

____

____

如果任何拒绝都已经无法阻挡我前进，

1. 我的生活会是什么样子？

2. 我会达成哪些伟大成就呢？

3. 它会给我周围的人带来怎样的影响呢？

学到本书这些教训后，我希望我的生活发生什么变化呢？

我会做什么事情，让自己保持专注，充满激情地去“拥抱拒绝”呢？

译者后记

虎年的第六天，终于改完了这本不算很厚、题材不算新颖角度却令人耳目一新的书，当时就想着要写几句话来作为后记，但要说的话似乎太多，一直无法下笔。

在我修改这本书期间，还发生了一件大事，但因为刚好是春节期间，这件事似乎没有被很多人所关注，那就是在温哥华举行的2010冬季奥运会。

看过冬奥会开幕式的朋友都知道，这个开幕式有一个重大的“失败”，那就是五根代表了奥运会五环的点火柱子，只有四根被竖起来，另一根由于技术原因，没有被竖起来。

如果是发生在其他地方，其他大型国际场合，那已经是一个重大失败，肯定有很多人被批评，被谴责，被解雇；而这件事情发生在奥运会的开幕式上，就更是一个超级重大的令人脸面尽失的事情了。

大家看到这里，似乎以为我是在批评这次冬奥会的主办机构。其实，任何故事背后，都有着更多的故事；任何事情的发生，都是为了更好的事情发生而做准备的。

2 月 1 日早上，出版社发来排好版式的书稿给我过目，准备第二天制成胶片送去印刷厂。我上网收了电邮，看了看书稿，发现了一些问题，打算中午和编辑再商谈一下，然后就出去客厅，准备给自己泡一杯茶。这是早上 9 点 40 分左右的事情。

这个时候，我太太正在客厅，电视机打开着，我催促太太赶紧回公司，因为她有很多工作要做。太太告诉我，现在正好是 2010 温哥华冬奥会的闭幕式直播。

受积极思维大师的影响，我对电视一直抱着“远离”的态度。但因为要等着煮开水泡茶，我就随意看了看电视屏幕。这时，那几根柱子正好高高地竖立在体育馆里，周围是白白的一大片雪地，全场静悄悄。

我很好奇地等待着。

此时，接近柱子的地点露出一个缺口，口子越拉越大，呈长条形拉开，形成了一条长长的缺口。有一个人从里面钻出来，打扮得像一个维修工人。镜头再拉近。他是一个小丑打扮。然后，解说员说，他正在维修着什么。他似乎在用力拉着什么。慢慢地，从长长的缺口里，一根柱子被他拉出来。柱子越拉越高，向着那四根已经高高竖起、上面燃烧着火焰的柱子靠拢。

这个时候，小丑旁边出现了一个手拿火炬的女运动员。

故事的发展越来越清楚了。

水早就烧开了，我看得入迷，赶紧把电源关上，继续看着电视屏幕。

女运动员向全世界展示着她动人的笑容，轻轻地把火炬伸向那根柱子，点着了第五根柱子的火焰。一下子，五根柱子的火焰立刻熊熊燃烧，照亮了整个体育场，照亮了整个世界。

这个时候，解说员说，这哪里是一个闭幕式啊，这明明就是开幕式。它比任何的开幕式更令人激动，更有意义，因为，加拿大人有着巨大的勇气，从失败中崛起。

我非常震撼。原来这次冬奥会的主办者，开幕式和闭幕式的设计和制作人员，向全世界展示了他们“拥抱梦想”的勇气和魄力。

我想起来我迟迟未能写出来的《拥抱拒绝》后记，赶紧回到电脑前，打开那篇半个月以前就开了头，但一直没能写几个字的后记，一口气把它写完。

我觉得，以这个最新例子来和大家做最后的分享，是最恰当的。由于中国文化和教育的束缚，太多的朋友被失败和拒绝所吓倒，太看重自己的一时得失，而没有看到任何故事的背后，都有着更多的故事；任何事情的发生，都是造物主让我们成为更好的人、获得更好的生活而设计出来让我们走的必经之路。

当造物主在你面前关上一扇门的时候，他通常会为你准备着两扇打开的门。继续前进吧，不要被任何失败和拒绝所吓倒。可敬的加拿大人，为我们带来了最好的一课。

让我们每一个人，在自己的生活和追求中，一手拥抱梦想，一手拥抱拒绝，每天前进一小步。

我非常喜欢作者开始本书的一句话。让我们以这句话来结束本书的阅读和分享吧。

成功是目的地

而拒绝是到达目的地的途径

赖伟雄

2010年3月1日

智慧之珠

➢“不”并不意味着“永远不”，它只意味着“现在还不”。

➢当生活中所有事情都尘埃落定的时候，谁也不会记住你的失败，只会记住你的成功。

➢不管是什么样的成功，要想获得它们，唯一的方法就是继续冒险、抓住机会、展现勇气。

➢成功者热切地让自己失败，而失败者逃避失败。愿意经受更多失败，其实完全是为了走向成功。

➢如果我们下定决心，把所听见的所有“不”和碰到的所有拒绝，都变成激励我们奋斗和努力的事情，那会怎么样呢？

➢我们起码可以在别人没有给予明确的拒绝之前，尽我们的所能去努力争取对方；为什么要在对方还没有做出拒绝之前，就把自己给否定了呢？

销售法宝

销售人员千万不要决定何时结束销售，要让顾客自己决定。

普通的销售员，一旦完成了销售任务就会慢下来。

销售队伍中销售失败次数最多的人，也就是公司里的销售冠军。

销售和淘金非常相似，最终发现“成功金子”数量最多的人，正是那些用最快速度挑出最多泥土的人，也就是那些经受拒绝次数最多的人！

世界上最能给人力量的词语，不是“行”，而是“不行！”因为你害怕听到别人说“不行”，害怕被别人拒绝，你才没有成为伟大的销售员。

一个充满激情并愿意让自己站在很多人面前去讲解自己的故事的人，其销售业绩几乎无一例外地超过那些拥有花哨社交方法和奇特销售技巧的“销售老手”。

60%的客户会拒绝4次，然后才会接受，但92%的销售员没有进行第5次销售就放弃了。要想同其他人拉开距离，最快的办法是被你的销售客户拒绝至少5次！

管理哲学

- 不仅要奖赏人们的成功，还要奖赏他们的失败。

- 决定一个人是实现他所梦想的人生成就，还是捡到一点儿芝麻绿豆就安于现状，最为重要的因素就是他的逆商。

- 大多数人迟迟不能成功，主要问题不在天赋与努力，而是在于思考的方向。如果开始想的就是错的，那么做得越多，距离成功也就越远。

- 要想创造巨大的成功，其关键是理解规模化地失败的必要性。一个人的失败速度毕竟是有限的。伟大的领导者会让组织里的每个人都明白：必须更快地去失败。

- 订立拒绝目标，能让你在炽热状态的时候，依然持续不断去行动，继续创造更多的业绩。而不会因为已经完成了既定的目标，就心满意足而停止了努力。

- 听见客户说“行”，这是销售工作中最容易的部分，它不会教给我们任何东西。但是，学会不断地听客户说“不行”而永不放弃……这才会建立我们的品格和自尊，这才是给予我们的真正力量！

人生智慧

➢棍棒和石头会砸断我的骨头，但是“不”绝不会伤害到我！

➢不要因为过于胆怯、过于挑剔而不采取行动。人生只是一场实验！

➢虽然我们无法控制他人的行为，但我们完全可以全面掌控自己的反应。

➢孩子们从来都不会把失败放在心上，他们总是一次又一次地尝试失败，最后大踏步地迈向成功，得到他们真正想要的东西。

➢不要总想到恐惧，要看到积极的一面。勇敢是直面恐惧并采取行动，它是虽然害怕做某件事情，但还是去做了。

➢当医生失去了一位病人的生命，他必须能够将注意力转移到下一位病人身上，他必须继续前行，这是唯一理性的应对方式！

鼎畅·个人成长系列

《真简单》

《真简单》一书为您提供了生活和工作中的人际关系技巧，每个细节都可以帮助您在任何情况下与任何人打好交道。在这本书中，每个人都可以学到适用一生的人际关系技巧！特别是刚刚踏入社会的年轻人，这些技巧是您在学校学不到的，却能改变您的一生！

“这是一本最实用、最具说服力、最好玩的书，能让你认识和理解自己生命中遇见的每一个人，帮助你在人际关系中具备独特的优势。”（博恩·崔西）“在人际关系中，《真简单》可以给你巨大的影响力。”（安东尼·罗宾）

从《真简单》这本书中，你将获得不管与谁或在何时何地，都拥有超旺人缘的人际关系秘诀。你翻开任何一页，都可以随时随地开始学习新的人际交往秘诀，让你在任何场合、面对任何人，都能发挥影响力。

九州出版社 ISBN 978-7-5108-0049-8
定价：20.00元

图书在版编目（CIP）数据

拥抱拒绝／（美）范顿（Fenton.R.）.（美）华兹（Waltz.A.）著；郭舫，赖伟雄译. —北京：九州出版社，2010.4（2011.9重印）

书名原文：Go For No

ISBN 978-7-5108-0355-0

Ⅰ.①拥… Ⅱ.①范…②华…③郭…④赖… Ⅲ.①挫折（心理学）—通俗读物 Ⅳ.①B848.4-49

中国版本图书馆CIP数据核字（2010）第033413号

著作权合同登记号：图字 01-2010-0990号

拥抱拒绝

作　　者　（美）范顿　（美）华兹　著　郭舫　赖伟雄　译
出版发行　九州出版社
出 版 人　徐尚定
地　　址　北京市西城区阜外大街甲35号(100037)
发行电话　(010)68992190/2/3/5/6
网　　址　www.jiuzhoupress.com
电子信箱　jiuzhou@jiuzhoupress.com
印　　刷　北京通州富达印刷厂
开　　本　880毫米×1230毫米　32开
印　　张　4
字　　数　80千字
版　　次　2011年9月第1版
印　　次　2011年9月第2次印刷
书　　号　ISBN 978-7-5108-0355-0
定　　价　22.00元